Les ingénieurs d'Hitler

L'histoire cachée de la technologie nazie en Amérique

GEW Sciences Humaines

Global East-West LTD

Collection “Histoire Pour Tous”, sous la direction de Hichem Karoui.

Contents

Introduction

Lever le voile sur l'héritage de la guerre

Contextualiser la guerre

Le paysage géopolitique qui a précédé les conflits importants, explorés dans ce récit, fait partie intégrante de la compréhension des dimensions multiples de la guerre. Pour replacer la guerre dans son contexte, il faut s'embarquer dans une odyssée historique à travers le réseau complexe des relations internationales, des dynamiques de pouvoir et des tensions idéologiques qui ont traversé les continents. L'interaction des ambitions territoriales, de la ferveur idéologique et des visées impérialistes au début du 20e siècle a ouvert la voie à un choc cataclysmique d'ampleur mondiale. Les braises fumantes des griefs non résolus des conflits précédents, associées à l'émergence de politiques expansionnistes agressives, ont créé une poudrière volatile qui n'attendait que d'être allumée. Les alliances changeantes et les manœuvres diplomatiques des grandes puissances se sont mêlées aux différends régionaux, alimentant ainsi la conflagration qui a enveloppé le monde.

Les bouleversements économiques et les disparités criantes résultant de la Première Guerre mondiale ont créé un terrain fertile pour les graines du mécontentement et du désenchantement, nourrissant des idéologies radicales qui cherchaient à redessiner la carte géopolitique. De plus, la Grande Dépression a jeté une ombre durable sur les nations, créant des conditions propices à la montée des démagogues populistes et des mouvements extrémistes. Ces convulsions sociétales plus larges se sont répercutées dans les couloirs du pouvoir, influençant les décisions de politique étrangère et déclenchant des conflits qui allaient modifier le cours de l'histoire. Ainsi, la tapisserie enrichissante des événements et des motivations qui s'entremêlent, élucide le chaudron géopolitique complexe qui a brassé la tempête du conflit mondial. C'est dans ce creuset d'intérêts et d'idéologies contradictoires que se déroulent les récits des chapitres suivants, décrivant l'impact profond des courants géopolitiques croisés et les cicatrices indélébiles qu'ils ont laissées sur la civilisation.

Le paysage moral des conflits

Au lendemain d'une guerre, à côté de la dévastation physique, persiste le profond impact moral qui se répercute à travers les générations. Les complexités éthiques inhérentes aux conflits armés ont façonné et défié les sociétés et les individus, laissant une marque indélébile sur la conscience collective. L'examen du paysage moral des conflits exige un équilibre délicat entre la perspective historique et la réflexion contemporaine, en approfondissant les multiples dimensions de la droiture et de la responsabilité. Au cœur de cette exploration se trouve la question fondamentale de la justification des actions entreprises en temps de guerre. Les paramètres de la moralité sont mis à l'épreuve au fur et à mesure que les conflits se déroulent, poussant la société à se confronter à sa propre boussole éthique et à se débattre avec les implications des choix faits dans le creuset de l'adversité. La dichotomie entre la nécessité de certaines actions en temps de guerre et leur alignement sur les principes éthiques souligne la complexité de la navigation sur le terrain moral dans le feu de l'action. De plus, le tissu moral du conflit s'étend au-delà des simples décisions prises sur le champ de bataille, imprégnant les relations internationales, les stratégies politiques et le traitement des prisonniers et des civils. Il englobe la responsabilité redoutable des dirigeants de faire respecter les normes morales dans le chaos de la guerre et de trouver un équilibre précaire entre les exigences militaires et les droits de l'homme. L'exploration des complexités de la prise de décision morale pendant un conflit nécessite un examen non seulement des actes manifestes, mais aussi des infractions plus subtiles contre l'humanité qui persistent dans l'ombre de la guerre - de la propagande et de la guerre psychologique au ciblage intentionnel de l'héritage culturel.

Le paysage moral des conflits est chargé de ramifications éthiques durables qui s'étendent bien au-delà de la cessation des hostilités. Les échos des défis moraux de la guerre résonnent dans la justice d'après-guerre, les réparations et les efforts actuels de guérison et de réconciliation. Ces dilemmes moraux durables requièrent l'attention car ils façonnent le présent et définissent l'identité collective des nations, témoignant de l'interconnexion de la responsabilité éthique et des séquelles de la guerre. Faire face à l'héritage moral des conflits ne nécessite pas seulement de se pencher sur le passé, mais aussi de procéder à une évaluation critique des leçons durables tirées de ces creusets éthiques. Cette introspection permet d'éclairer l'interaction complexe entre les impératifs moraux et les exigences de la guerre, et sert de mise en garde et de catalyseur pour favoriser une meilleure compréhension, une plus grande empathie et un dévouement inébranlable à la préservation des valeurs éthiques face à l'adversité.

Les avancées technologiques nées du combat

Dans le chaudron des conflits, l'humanité a souvent assisté à la naissance d'avancées technologiques remarquables. Historiquement, les guerres ont servi de catalyseurs à l'innovation et au progrès rapides dans divers domaines, alimentant les avancées en matière d'armement, de communication, de transport, de médecine et dans de nombreux autres domaines. Du développement des systèmes radar et des capacités nucléaires à l'évolution de l'aviation et des technologies informatiques, le creuset du combat a propulsé les sociétés vers des territoires inexplorés en matière de prouesses scientifiques et d'ingénierie. De grands esprits, souvent sous la contrainte des exigences du temps de guerre, ont relevé les défis posés par les adversaires, aboutissant à des inventions révolutionnaires qui ont non seulement transformé le champ de bataille, mais aussi laissé une marque indélébile sur le cours de la civilisation humaine. L'urgence de la guerre a poussé les nations à investir massivement dans la recherche et le développement, ce qui a conduit à la création d'outils et de méthodologies de pointe qui ont des implications profondes au-delà du théâtre immédiat de la guerre. Il est impératif de reconnaître ces avancées technologiques nées du combat et leur impact durable sur le tissu de notre monde moderne. Si les dimensions éthiques de ces innovations demandent à être examinées et contemplées, il est indéniable que nombre de ces percées ont repoussé les frontières de l'accomplissement humain. Nous visons à examiner certaines des avancées technologiques les plus cruciales et les plus importantes réalisées dans le chaos de la guerre, en mettant en lumière le pouvoir de transformation de l'adversité et l'héritage de l'ingéniosité qui continue de résonner dans les annales de l'histoire.

Mémoires personnelles et collectives

La guerre a un impact profond sur les individus et les sociétés, laissant derrière elle des souvenirs durables qui façonnent le récit culturel et historique. Les souvenirs personnels des personnes directement impliquées dans le conflit donnent un aperçu fascinant de l'expérience humaine en temps de guerre. Ces souvenirs offrent une compréhension nuancée du tribut émotionnel, psychologique et physique imposé par la guerre. Au-delà de l'individu, les mémoires collectives résument les répercussions sociales et culturelles plus larges de la guerre. Ces souvenirs sont imprégnés des expériences partagées par les communautés, les nations et même les alliances mondiales, et témoignent de l'endurance et de la résilience de l'humanité dans l'adversité. Les souvenirs personnels et collectifs font partie intégrante du paysage de l'après-guerre, influençant les idéologies et façonnant la perception des conflits par les générations futures. Ces souvenirs, transmis par les traditions orales, la littérature, l'art et les événements commémoratifs, s'intègrent dans le tissu de notre conscience sociétale. La préservation des souvenirs personnels et collectifs garantit que les leçons de la guerre ne sont pas perdues dans le temps, nous obligeant à contempler les conséquences tragiques et à nous efforcer de construire un avenir pacifique et prospère. À travers le prisme de la mémoire, nous affrontons les complexités de la guerre, reconnaissant son impact profond tout en encourageant un engagement collectif à tirer les leçons de l'histoire et à favoriser l'harmonie internationale.

L'impact de la guerre sur les frontières politiques et le pouvoir

L'effet de la guerre sur les frontières politiques et le pouvoir est un phénomène à multiples facettes qui résonne profondément dans le tissu de l'histoire mondiale. Lorsque des nations s'engagent dans un conflit, les frontières politiques sont souvent redéfinies et remodelées. Au lendemain des guerres, on assiste fréquemment à des ajustements territoriaux, à des annexions, voire à la création d'entités géopolitiques entièrement nouvelles. Ces modifications ne reflètent pas seulement la dynamique changeante du pouvoir, mais servent également de témoignage durable de l'impact de la guerre sur le paysage géopolitique. Ces changements peuvent avoir des implications considérables, influençant les relations diplomatiques, l'allocation des ressources et la stabilité régionale pour les générations à venir.

L'exercice du pouvoir au sein des États et entre eux subit des transformations significatives en temps de guerre. La lutte pour la domination et le contrôle des territoires s'intensifie, entraînant des changements d'alliances, l'émergence de nouvelles coalitions et la formation de blocs de pouvoir. L'interaction complexe des forces sociopolitiques pendant et après la guerre engendre souvent des vides de pouvoir, des divisions idéologiques et des possibilités de réalignement stratégique qui se répercutent sur tous les continents. Avec l'élévation de la puissance militaire et la poursuite d'objectifs stratégiques, les pouvoirs politiques manœuvrent pour affirmer leur influence sur des régions clés, tirer parti des ressources et s'assurer des positions avantageuses par rapport à leurs adversaires. Cette quête incessante de pouvoir sert de catalyseur aux tensions géopolitiques et aux rivalités territoriales, façonnant les trajectoires des relations internationales et reconfigurant l'équilibre des pouvoirs à l'échelle mondiale. Simultanément, l'impact de la guerre sur les frontières politiques va au-delà des changements territoriaux manifestes et englobe l'imbrication complexe de l'identité, de la culture et de la souveraineté. Les identités ethniques et nationales sont souvent redéfinies ou renforcées dans le creuset du conflit, les communautés se ralliant autour de récits communs de résilience et de sacrifice.

La reconfiguration des frontières politiques peut susciter de profonds sentiments de déplacement, d'appartenance et d'injustice historique, se manifestant par des divisions sociales et culturelles durables qui se répercutent dans les pages de l'histoire. En fin de compte, l'étude de l'impact de la guerre sur les frontières politiques et le pouvoir donne des indications inestimables sur la tapisserie complexe de la politique mondiale et sur l'évolution de l'art de gouverner. En examinant le lien entre les conflits, la dynamique du pouvoir et les transformations territoriales, nous comprenons mieux l'héritage durable laissé par la guerre et les empreintes indélébiles qu'elle laisse sur les contours du pouvoir géopolitique.

Les ondes de choc économiques : Du national au mondial

Les conséquences de la guerre se font souvent sentir

bien au-delà du champ de bataille, s'étendant à tous les aspects de la société, y compris au réseau complexe des structures économiques qui soutiennent les nations. L'immense tribut payé par les conflits mondiaux se répercute sur les économies, envoyant des ondes de choc depuis les frontières nationales jusqu'au royaume interconnecté de l'économie mondiale. Les efforts de reconstruction et la reconversion des industries au lendemain de la guerre sont des moments cruciaux qui redéfinissent le paysage économique. Alors que certaines régions se débattent avec le fardeau de la reconstruction, d'autres sont témoins de changements abrupts dans leur fortune économique, les ressources et les capitaux circulant dans de nouvelles directions. Cette reconfiguration est souvent source de conflits et d'opportunités, redessinant les routes commerciales traditionnelles et créant de nouvelles alliances. La transformation des industries nationales est une conséquence directe de la guerre, certains secteurs étant en plein essor tandis que d'autres périclitent.

Dans leur quête de redressement, les nations investissent stratégiquement dans la technologie, l'infrastructure et le capital humain, dans l'intention d'en ressortir plus fortes et plus résistantes. La mobilisation de ressources à une telle échelle ouvre la voie à la coopération et à la concurrence internationales, entraînant des changements dans la hiérarchie économique mondiale. Alors que diverses sociétés s'adaptent aux défis de l'après-guerre, les politiques économiques évoluent, visant à stabiliser les marchés et à favoriser la croissance.

Au cœur de cette période tumultueuse se trouve une interaction complexe entre les économies nationales et la dynamique émergente de la mondialisation, qui ouvre finalement la voie à une nouvelle ère d'interdépendance économique. Confrontés à la réalité de changements sociétaux sans précédent, les décideurs politiques et les chefs d'entreprise cherchent à exploiter le potentiel de l'intégration économique mondiale, en discernant les opportunités au milieu des bouleversements. Les effets de la guerre dépassent les frontières, obligeant les nations à se coordonner pour reconstruire les économies détruites, en forgeant des liens qui vont au-delà des partenariats commerciaux traditionnels.

Simultanément, les bouleversements économiques posent une myriade de défis, allant de la gestion de l'inflation et du chômage au recalibrage des systèmes financiers. D'un continent à l'autre, les échos de la guerre résonnent dans les politiques fiscales, le commerce et les stratégies d'investissement, façonnant la trajectoire de la prospérité et influençant les contours des marchés émergents. C'est dans ce cadre aux multiples facettes que s'enracinent les profondes mutations du pouvoir économique mondial, donnant naissance à une tapisserie complexe d'opportunités et de contraintes qui définiront le paysage économique pour les générations à venir.

Changements culturels et échos idéologiques

Les bouleversements provoqués par les conflits mondiaux ont entraîné une profonde transformation de la dynamique culturelle et ont créé des échos idéologiques durables qui continuent de résonner aujourd'hui. À travers le creuset de la guerre, les paradigmes sociétaux ont changé à mesure que les perceptions de l'identité, de l'autorité et de l'allégeance nationale étaient redéfinies. Les expressions culturelles ont évolué en réponse aux tensions dominantes, influençant l'art, la littérature, la musique et le cinéma. Ces changements ont reflété la lutte collective pour le sens et l'appartenance dans un monde fracturé par des divisions idéologiques. La montée des régimes totalitaires a imposé un cadre culturel homogénéisé, supprimant souvent les diverses expressions de créativité et d'individualité. Pourtant, dans le cadre de ces régimes, des mouvements clandestins ont émergé, préservant clandestinement le patrimoine culturel et encourageant des formes subversives de résistance artistique. L'héritage d'un tel défi illustre la pérennité de l'esprit humain face à une idéologie oppressive.

Alors que les frontières étaient redessinées et les populations déplacées, le mélange de diverses cultures a engendré une innovation et une adaptation sans précédent. Les mœurs sociales, les traditions et les langues se sont mélangées, donnant naissance à de nouvelles expressions syncrétiques et identités culturelles. Cette fusion des sensibilités a catalysé l'évolution de l'interconnexion mondiale, enrichissant la tapisserie de l'humanité d'une multiplicité de récits et de perspectives. L'évolution de l'ethos culturel au cours de cette période tumultueuse a également facilité la diffusion de paradigmes idéologiques, tant bienveillants que malveillants, créant des héritages durables qui continuent de façonner le discours contemporain. Les vestiges de la propagande et de l'endoctrinement persistent comme des récits d'avertissement, incitant les sociétés à évaluer de manière critique les ramifications éthiques d'une influence politique incontrôlée sur la production et la diffusion culturelles. En explorant ces transformations, il devient évident que le choc des idéologies en temps de guerre n'a pas seulement précipité le réalignement culturel, mais a également ancré des répercussions durables dans le tissu de la conscience sociétale. Ainsi, l'examen de ces changements culturels offre des perspectives inestimables sur la résilience de la créativité humaine et sur l'interaction complexe entre l'idéologie, le pouvoir et la construction du récit historique.

Documenter l'histoire : Sources et défis

En se plongeant dans les annales de l'histoire, il faut naviguer dans un réseau complexe de sources et de défis qui se posent dans la recherche de la vérité et de l'exactitude. La documentation des événements historiques repose sur une myriade de ressources, y compris des sources primaires telles que des documents officiels, des témoignages et des objets, ainsi que des sources secondaires telles que des travaux et des analyses universitaires. Chaque source possède sa propre valeur intrinsèque, offrant des perspectives uniques qui contribuent collectivement à la mosaïque de la compréhension historique. Cependant, cette abondance de sources pose le problème du discernement de l'authenticité, car les récits historiques sont souvent entachés de préjugés, d'informations erronées et d'interprétations contradictoires. En tant qu'historiens, nous sommes confrontés à la tâche de passer méticuleusement au crible ces sources, d'évaluer de manière critique leur fiabilité et leur contexte et, en fin de compte, de reconstituer un récit fondé sur des preuves et l'objectivité.

La nature de la documentation historique s'étend au-delà des documents textuels, englobant les documents visuels, les récits oraux et les découvertes archéologiques, chacun ajoutant des couches de complexité et de richesse à la narration du passé. Si ces sources offrent des perspectives inestimables, elles présentent également des obstacles en matière de préservation, d'interprétation et d'accessibilité. La préservation consiste à protéger les matériaux historiques fragiles des forces érosives du temps et de l'environnement, ce qui nécessite des pratiques d'archivage et des efforts de conservation méticuleux pour garantir un héritage durable. L'interprétation est au cœur de l'étude historique, car les historiens doivent déchiffrer et analyser les nuances contenues dans les sources pour construire une représentation précise et complète des événements.

L'accessibilité constitue un défi permanent, car les documents historiques peuvent être dispersés dans divers endroits, restreints par des barrières institutionnelles ou cachés dans les profondeurs labyrinthiques des archives. Pour surmonter ces obstacles, la collaboration, l'innovation technologique et la gestion éthique sont nécessaires pour rendre l'histoire accessible à tous ceux qui cherchent à s'y intéresser. Ainsi, la poursuite de la documentation de l'histoire n'est pas simplement un travail d'érudition, mais une responsabilité profonde : honorer le passé, renforcer le présent et éclairer l'avenir par la recherche inébranlable de la vérité.

Aperçu des thèmes explorés dans le livre

Dans les chapitres suivants, nous nous pencherons sur une myriade de thèmes interconnectés qui ont émergé de l'héritage de la guerre:

La montée du fascisme nous transportera à une époque de bouleversements idéologiques, où nous explorerons les origines et l'influence des mouvements politiques qui ont remodelé le paysage mondial. *L'opération Paperclip* nous permettra d'élucider le recrutement d'esprits brillants, en mettant en lumière les problèmes éthiques auxquels sont confrontées les nations à la recherche de prouesses intellectuelles au lendemain d'un conflit. Notre exploration de *la Collaboration de l'ombre* mettra au jour les alliances clandestines et le réseau complexe d'interactions qui ont façonné l'après-guerre. *Les fusées et la course à l'espace* nous propulseront dans un monde de merveilles scientifiques et d'aspirations géopolitiques, mettant au jour la dualité de l'innovation née de l'adversité. *Triomphes et épreuves* : Les merveilles de l'ingénierie nazie nous confrontera aux ambiguïtés morales des réalisations technologiques imbriquées dans la tyrannie. *La propulsion par réaction* nous fera découvrir l'évolution rapide de l'industrie aéronautique, parallèlement à la redéfinition des capacités de guerre. En découvrant *La poursuite des alliés,* une compréhension fine de la poursuite et de la préservation émerge, mettant en lumière la volonté de posséder ou de supprimer des connaissances révolutionnaires. *Médecine et moralité* mettra en lumière les dilemmes éthiques découlant des avancées en matière de soins de santé en temps de guerre et les conséquences involontaires du progrès. *Les secrets des opérations spéciales* révèle les efforts clandestins et les stratégies de renseignement employées pour obtenir un avantage militaire. *L'énigme de la cryptographie* lèvera le voile sur les mystères des codes et du secret, en mettant en lumière leur rôle essentiel dans l'élaboration des conflits mondiaux et de la dynamique du pouvoir. *La main invisible* plonge dans les réseaux enchevêtrés de la technologie, de la politique et de la guerre froide - une histoire d'influence, d'innovation et d'espionnage. *Les mystères de la zone 51* nous fera naviguer entre les faits et le folklore, en abordant les récits énigmatiques qui ont imprégné l'imagination du public. Dans *Les innovations voilées*, nous découvrons les projets clandestins qui ont laissé une marque indélébile sur la civilisation moderne, enveloppés d'un secret et d'une intrigue extraordinaires. La puissance industrielle mettra en lumière les techniques de transformation et d'adaptation mises en œuvre par les industries en temps de guerre, qui ont exercé une influence profonde sur la technologie et l'infrastructure contemporaines. *Les jeux d'espionnage* nous entraînera dans un labyrinthe d'intrigues et de subterfuges, offrant un aperçu du monde obscur de l'espionnage et des opérations secrètes sur le site. *L'impact sur l'industrie et la technologie modernes* fera la chronique de l'impact durable des innovations du temps de guerre sur les paysages industriels et technologiques contemporains, mettant en évidence l'ADN durable du conflit au sein de notre progrès. *L'héritage de la résistance* mettra en avant les récits de défi et de résilience, en tissant une tapisserie d'individus, de communautés et de mouvements qui ont résisté à la tempête de la guerre. Enfin, *Réflexions* ouvrira la voie à la contemplation des implications éthiques découlant des forces convergentes de l'innovation, de la guerre et de l'avenir.

1

La montée du fascisme

Un monde en ébullition

Préfiguration de la montée du fascisme

Au lendemain de la Première Guerre mondiale, l'Europe s'est trouvée confrontée à des défis sans précédent, ce qui a entraîné une période de profonds bouleversements sociopolitiques. Les troubles économiques, le mécontentement social aigu et les incertitudes géopolitiques ont constitué un terreau fertile pour l'émergence d'idéologies radicales, jetant les bases de l'ascension du fascisme à travers le continent. En Italie, la montée en puissance du parti national fasciste de Benito Mussolini a ouvert la voie à un régime totalitaire qui cherchait à restaurer la fierté nationale dans un contexte de détresse économique. Simultanément, en Allemagne, les graines du mécontentement semées par le traité de Versailles ont germé dans un environnement instable, offrant un moment propice à la montée en puissance du parti national-socialiste des travailleurs allemands d'Adolf Hitler. Nous soulignons ici l'interaction complexe des facteurs historiques et des courants idéologiques sous-jacents qui ont sous-tendu l'ascension des mouvements fascistes. Nous examinons le rôle du nationalisme fervent, de la désillusion économique et de la manipulation des sentiments du public comme préludes à l'érosion des institutions démocratiques et à la consolidation d'un régime autoritaire. Nous examinons l'impact du leadership charismatique, de la propagande politique et de l'exploitation des griefs de la société pour renforcer l'attrait des idéologies fascistes.

La dynamique évolutive des relations internationales et l'interconnexion des événements mondiaux sont examinées pour leur contribution à la prolifération des doctrines fascistes au-delà des frontières nationales. En explorant les paysages socio-économiques, politiques et culturels qui ont ouvert la voie à la montée du fascisme, nous visons à offrir une compréhension nuancée de la trajectoire historique qui a précipité l'une des périodes les plus tumultueuses du XXe siècle. En démêlant les complexités qui sous-tendent la genèse et la diffusion des idéologies fascistes, nous cherchons à mettre en lumière la tapisserie complexe des facteurs qui ont enraciné ces systèmes de croyance dans la conscience collective des sociétés, aboutissant à des implications profondes pour les développements ultérieurs de l'histoire mondiale.

Les précurseurs historiques du fascisme

Les racines du fascisme remontent à une interaction complexe de facteurs sociaux, économiques et politiques qui ont imprégné le début du XXe siècle. D'un point de vue historique, les lendemains de la Première Guerre mondiale ont été marqués par une profonde désillusion, une instabilité économique et des troubles sociaux dans toute l'Europe. L'ampleur sans précédent des destructions et des pertes a plongé de nombreuses nations dans le désespoir, ouvrant la voie à la montée des idéologies radicales. Au cœur de cette période tumultueuse se trouvent les conditions socio-économiques désastreuses qui ont frappé les sociétés d'après-guerre. Ce concours de circonstances a créé un terrain fertile pour l'émergence des mouvements fascistes, qui ont cherché à exploiter le mécontentement et l'incertitude qui régnaient.

L'incapacité des systèmes politiques traditionnels à relever ces défis a engendré un profond sentiment de désillusion au sein de la population, conduisant à une érosion de la foi dans les institutions établies. Sur le plan économique, les lendemains de la Première Guerre mondiale ont été marqués par de profonds bouleversements, les économies dévastées s'efforçant de se redresser dans un contexte d'inflation et de chômage galopants. Les lourdes réparations imposées aux nations vaincues ont encore aggravé leur situation, semant les graines du ressentiment et favorisant un environnement propice aux idéologies radicales. Ces difficultés économiques se sont accompagnées d'un sentiment généralisé d'instabilité politique, marqué par des gouvernements fracturés, des changements fréquents de dirigeants et une désillusion généralisée à l'égard des processus démocratiques. Au milieu de cette agitation, divers groupes adhérant à des idéologies extrémistes ont tiré parti du mécontentement ambiant pour obtenir un soutien et propager leur vision d'une transformation radicale.

Le tissu social de l'Europe a subi des tensions considérables au lendemain de la guerre, les bouleversements sociétaux et les traumatismes provoqués par le conflit ayant remodelé les dynamiques interpersonnelles et les identités collectives. L'érosion des structures sociales traditionnelles, associée à un climat d'incertitude et de peur, a alimenté l'anxiété et l'insécurité généralisées au sein de la population. Dans un tel climat, des leaders charismatiques ont émergé pour exploiter ces vulnérabilités, offrant des solutions simplistes et des boucs émissaires pour les défis complexes auxquels leurs sociétés sont confrontées. Par conséquent, les précurseurs historiques du fascisme peuvent être discernés à partir de cette interaction complexe entre le désespoir économique, l'instabilité politique et les bouleversements sociaux, soulignant la nature multiforme de son émergence et de sa propagation.

Désespoir économique et instabilité politique

L'entre-deux-guerres a été marqué par un climat de désespoir économique et d'instabilité politique dans toute l'Europe, qui a préparé le terrain pour la montée des idéologies fascistes. Après les ravages de la Première Guerre mondiale, les nations se sont retrouvées aux prises avec des économies paralysées, un chômage généralisé et l'hyperinflation. Les réparations imposées à l'Allemagne par le traité de Versailles ont exacerbé son ralentissement économique, alimentant le ressentiment et fournissant un terrain fertile aux mouvements politiques radicaux. Parallèlement, l'Italie a été confrontée à des troubles similaires, caractérisés par une récession économique, des conflits sociaux et une désaffection à l'égard du pouvoir en place. Alors que les institutions politiques s'efforçaient de relever ces défis, les tensions sociales et culturelles se sont accrues, donnant lieu à une polarisation idéologique et à des conflits de classe exacerbés. L'effondrement des structures de pouvoir traditionnelles et l'incapacité des systèmes démocratiques à assurer la stabilité ont créé une atmosphère d'incertitude et de désillusion au sein de la population. Ce climat de mécontentement a ouvert la voie aux leaders charismatiques qui ont exploité le sentiment de vulnérabilité qui régnait et proposé des solutions radicales promettant une reprise économique rapide et un rajeunissement de la nation.

Le désespoir économique a été aggravé par l'érosion simultanée de la stabilité politique. Les gouvernements ont été confrontés à des divisions internes, à des blocages législatifs et à des changements fréquents de dirigeants, ce qui a entraîné une perte de confiance du public dans les processus politiques établis. Cet environnement de volatilité et d'inefficacité a fait naître un désir de leadership décisif et de gouvernance ferme, donnant l'occasion à des personnalités autoritaires de se positionner en sauveurs de la nation.

La crise financière mondiale de 1929, communément appelée la Grande Dépression, a plongé le monde dans une tourmente économique plus profonde et a propulsé de nombreux pays vers le chaos social et politique. L'effondrement des institutions financières, le chômage de masse et la pauvreté généralisée ont engendré un puissant cocktail de peur, de colère et d'incertitude, mettant à nu les vulnérabilités des cadres sociopolitiques existants. Les bouleversements sociaux qui en ont résulté ont constitué un terreau fertile pour la propagation d'idéologies radicales, en particulier celles qui épousent la ferveur nationaliste et les promesses d'une gloire retrouvée. En substance, la convergence du désespoir économique et de l'instabilité politique durant l'entre-deux-guerres a constitué la toile de fond de l'émergence et de l'ascension des mouvements fascistes dans diverses nations européennes. Il est essentiel de comprendre ce paysage tumultueux pour saisir la genèse et l'attrait des idéologies fascistes qui ont déferlé sur le continent à cette époque charnière.

La montée de Mussolini et du fascisme italien

Dans le chaos européen de l'après-Première Guerre mondiale, l'Italie est confrontée à des défis économiques et à une fragmentation politique. Exploitant le mécontentement ambiant, Benito Mussolini s'est imposé comme une figure redoutable, jetant les bases du fascisme italien. Mussolini a tiré parti de la désillusion découlant de la marginalisation perçue de l'Italie lors du traité de Versailles et de l'absence de gains substantiels résultant de l'effort de guerre. L'attrait d'une renaissance des jours de gloire de l'Empire romain et d'un leadership fort a trouvé un écho auprès de nombreux Italiens désillusionnés, fournissant un terrain fertile pour son ascension au pouvoir. L'utilisation habile par Mussolini de la propagande et de la mobilisation de masse par l'intermédiaire des Chemises noires, ainsi que les promesses d'ordre social et de rajeunissement de la nation, lui ont permis d'obtenir un soutien important.

La création du Parti national fasciste et la tristement célèbre Marche sur Rome en 1922 marquent un tournant décisif, qui aboutit à sa nomination au poste de Premier ministre et à la consolidation de son autorité. L'imposition ultérieure de mesures autoritaires a permis de réprimer la dissidence et d'écraser les forces politiques rivales. Sous le règne de Mussolini, l'Italie subit une transformation rapide, marquée par un nationalisme agressif, des ambitions expansionnistes et une répression inflexible de l'opposition politique. Le culte de la personnalité autour d'Il Duce, associé à la glorification du militarisme et des valeurs traditionnelles, a alimenté une ferveur nationaliste au sein de la population. Cette ferveur a été alimentée par des spectacles orchestrés et des démonstrations de propagande, renforçant l'image de l'Italie en tant que puissance mondiale renaissante.

L'institutionnalisation de l'idéologie fasciste a entraîné des politiques corporatistes agressives et le contrôle de divers secteurs de la société, notamment l'économie, les médias et l'éducation. Le régime fasciste a cultivé un mélange d'autoritarisme et de totalitarisme, réduisant les libertés individuelles et subvertissant les institutions démocratiques. Parallèlement, une campagne brutale contre ce qui était perçu comme des adversaires internes, illustrée par la crise Matteotti, a mis en évidence la nature impitoyable de la mainmise de Mussolini sur le pouvoir. Dans un contexte géopolitique instable, Mussolini a poursuivi ses ambitions territoriales, ce qui l'a conduit à envahir l'Éthiopie en 1935. Cette entreprise expansionniste visait non seulement à imiter les conquêtes impériales de la Rome antique, mais aussi à renforcer la position de l'Italie sur la scène mondiale. La condamnation internationale qui s'ensuivit et la réponse tiède de la Société des Nations soulignèrent la position précaire dans laquelle se trouvait l'Italie, préfigurant l'escalade des tensions qui allaient embraser le monde. La montée du fascisme italien est un témoignage convaincant de l'attrait séduisant des régimes autoritaires en période d'incertitude, mettant à nu l'interaction complexe des circonstances historiques et de l'action individuelle dans l'élaboration du destin des nations.

L'ascension d'Hitler en Allemagne

La montée au pouvoir d'Adolf Hitler en Allemagne est un chapitre important et complexe des annales de l'histoire. Dans le tumulte de la Première Guerre mondiale, une myriade de facteurs socio-économiques ont ouvert la voie à l'ascension d'Hitler. Le traité de Versailles avait plongé l'Allemagne dans d'énormes difficultés économiques et une grande instabilité politique, offrant un terrain fertile à un dirigeant capable d'exploiter les sentiments de mécontentement et de désillusion. Les talents d'orateur charismatique d'Hitler et sa fervente rhétorique nationaliste ont trouvé un écho auprès d'une population assoiffée de changement. Son parti national-socialiste des travailleurs allemands, ou parti nazi, gagne rapidement du soutien en promettant de restaurer l'ancienne gloire de l'Allemagne. Grâce à des discours passionnés, à des alliances stratégiques et à l'exploitation du mécontentement de la population, Hitler a réussi à se frayer un chemin jusqu'à la chancellerie en 1933.

Une fois au pouvoir, Hitler a rapidement consolidé son autorité, orchestrant un régime totalitaire qui englobait tous les aspects de la société allemande. Sa capacité inégalée à manipuler la propagande et les médias a facilité la diffusion d'une idéologie tordue, glorifiant la suprématie aryenne tout en diabolisant les groupes marginalisés, en particulier les Juifs, les Roms et les handicapés. L'expansion agressive du contrôle de l'État, illustrée par la création de la Gestapo et de la SS, a illustré l'érosion systématique des libertés civiles et des normes démocratiques. La manipulation astucieuse de la politique étrangère par Hitler a encore renforcé son ascension, en exploitant les tensions géopolitiques pour réaliser ses ambitions territoriales et consolider ses alliances. Rétrospectivement, l'ascension d'Hitler constitue une mise en garde, soulignant les conséquences catastrophiques qui peuvent survenir lorsque la démagogie et le pouvoir incontrôlé s'entrecroisent avec les dissonances sociétales.

Principes idéologiques et propagande

Les principes idéologiques et la propagande utilisés par le régime fasciste ont été des outils puissants pour façonner la perception du public et consolider le pouvoir.

Au cœur de l'idéologie fasciste se trouve la croyance en la suprématie de l'État, l'accent mis sur la ferveur nationaliste et la glorification d'une race perçue comme supérieure. En s'appuyant sur ces principes, le régime a cherché à créer un sentiment d'unité et d'identité au sein de la population, tout en marginalisant les groupes minoritaires et les voix dissidentes. La propagande est devenue une force omniprésente dans la diffusion du message fasciste, imprégnant diverses formes de médias telles que les journaux, les émissions de radio, les films et les arts visuels. L'imagerie et la rhétorique utilisées dans la propagande servent à déifier le dirigeant, à diaboliser les ennemis perçus et à instiller l'obéissance aux directives du régime. En contrôlant la diffusion de l'information et en manipulant l'opinion publique, le régime visait à susciter une loyauté et un conformisme sans faille au sein de la population.

L'appareil de propagande a joué un rôle crucial dans le développement d'un culte de la personnalité autour des dirigeants, les présentant comme des figures infaillibles incarnant la gloire et les aspirations de la nation. Cette mythologisation des dirigeants a permis de consolider leur emprise sur le pouvoir et de renforcer l'idée qu'ils sont indispensables au destin de la nation. L'orchestration méticuleuse d'événements de masse, de rassemblements et de spectacles a également servi d'outils puissants pour diffuser l'idéologie du régime et favoriser un sentiment d'appartenance et d'utilité parmi les citoyens. Ces grandes démonstrations de puissance et d'unité ont été méticuleusement chorégraphiées pour susciter la crainte, la ferveur et un sentiment de force collective, ce qui a eu pour effet de subsumer l'identité individuelle dans la conscience collective de l'État.

L'exploitation des technologies modernes et de la

communication de masse a permis au régime de propager ses idéaux au-delà des frontières géographiques, en projetant une image d'invincibilité et de droiture idéologique sur la scène mondiale. La portée de la propagande fasciste s'est étendue très loin, visant à captiver et à influencer les audiences internationales, étendant ainsi son influence au-delà des frontières nationales. En somme, la manipulation de l'idéologie et la diffusion omniprésente de la propagande ont fait partie intégrante de la consolidation du pouvoir par les régimes fascistes. En façonnant les perceptions, en instillant une loyauté fervente et en encourageant le culte de la personnalité, le régime cherchait à modeler la conscience collective de la population, à asseoir son autorité et à projeter son influence tant au niveau national qu'international.

Consolidation du pouvoir : tactiques et stratégies

La consolidation du pouvoir par les régimes fascistes a impliqué un réseau complexe de tactiques et de stratégies visant à centraliser l'autorité et à supprimer la dissidence. L'une des principales méthodes utilisées par ces régimes consistait à manipuler les cadres juridiques pour justifier les mesures répressives. Des lois ont été promulguées pour restreindre les libertés civiles, museler la presse et mettre en place un système de surveillance omniprésent, créant ainsi un environnement de peur et de paranoïa. Les dissidents, les intellectuels et les ennemis présumés de l'État ont été systématiquement visés par des arrestations arbitraires, des détentions sans procès équitable et des mesures punitives qui ont effectivement éliminé l'opposition.

La propagande a joué un rôle essentiel dans la consolidation du pouvoir. Les médias contrôlés par l'État et des messages soigneusement élaborés ont été utilisés pour inculquer une loyauté inébranlable envers le régime, en propageant une image idéalisée du dirigeant et en diabolisant toute voix dissidente. La propagande ne se limitait pas aux médias traditionnels, mais s'insinuait également dans les espaces publics, les écoles et les événements culturels, subvertissant la pensée indépendante et encourageant l'allégeance aveugle. Les régimes fascistes ont également eu recours à des forces paramilitaires et à des polices secrètes pour étouffer la résistance et maintenir le contrôle. Ces organisations opéraient en toute impunité, instillant la terreur dans la population et éradiquant tout semblant d'opposition. Le déploiement de la violence et des tactiques d'intimidation a servi à rappeler brutalement les conséquences de la contestation de l'ordre établi, en réduisant au silence la dissidence par la coercition et la peur.

Les dirigeants fascistes ont noué des alliances stratégiques avec des industriels influents, des chefs militaires et d'autres représentants du pouvoir pour consolider leur emprise sur les institutions et les ressources clés, s'assurant ainsi la loyauté de secteurs vitaux de la société. En outre, la création d'un culte de la personnalité autour du dirigeant a renforcé la consolidation du pouvoir. Leur omniprésence dans l'imagerie publique, le discours politique et la vie quotidienne a cultivé un sentiment de révérence et d'autorité qui a transcendé la critique rationnelle. Les démonstrations ritualisées de loyauté et d'adulation ont encore renforcé l'emprise du chef sur la psyché collective de la population, favorisant un environnement où l'obéissance inconditionnelle était considérée comme une vertu. Il est essentiel de reconnaître que la consolidation du pouvoir par les régimes fascistes ne reposait pas uniquement sur la coercition et la violence manifestes ; il s'agissait plutôt d'une orchestration calculée de mécanismes juridiques, de propagande, paramilitaires et idéologiques qui étouffaient efficacement les voix opposées et cimentaient le régime autoritaire.

Impact sur la société et les institutions culturelles

La consolidation du pouvoir par les régimes fascistes a inévitablement entraîné de profondes transformations dans les structures sociétales et les institutions culturelles. Ces gouvernements autoritaires cherchant à contrôler tous les aspects de la vie publique, l'impact sur la société et les institutions culturelles a été à la fois vaste et durable. L'un des effets les plus frappants a été la suppression systématique de la liberté intellectuelle et de l'expression artistique. La censure est devenue omniprésente et des règles strictes ont été imposées à la littérature, à l'art, à la musique et au discours universitaire. Les intellectuels, les artistes et les universitaires qui ne se conformaient pas aux diktats idéologiques de l'État étaient souvent persécutés, exilés ou emprisonnés. Cette répression a étouffé l'innovation et la créativité, fracturant le paysage culturel et reléguant dans l'ombre des centres d'échange intellectuel et d'expérimentation artistique autrefois dynamiques.

L'idéologie fasciste a cherché à redéfinir les normes et les valeurs de la société, en imposant un cadre rigide qui restreignait les libertés individuelles et marginalisait les groupes minoritaires. La persécution des minorités ethniques et religieuses, ainsi que l'application de la répartition des rôles entre les hommes et les femmes, ont engendré une peur généralisée, une discrimination et une privation de droits. Ces bouleversements sociaux ont irréversiblement altéré le tissu des communautés et brisé le sentiment commun d'identité et d'appartenance. Simultanément, l'État a vigoureusement propagé son propre récit et mythifié l'histoire et le patrimoine nationaux, en utilisant des mécanismes de propagande pour endoctriner la population et cultiver une loyauté inébranlable à l'égard du régime. Grâce à des rassemblements de masse, au symbolisme et à des récits soigneusement élaborés, l'élite dirigeante a cherché à forger une conscience collective unifiée, en alignant la production culturelle et les récits historiques sur son programme politique. Les répercussions de ces mécanismes coercitifs se sont répercutées sur plusieurs générations, laissant une marque indélébile sur la psyché sociale et la mémoire culturelle des sociétés touchées. L'érosion du discours critique, l'assujettissement des voix marginalisées et la manipulation d'objets culturels à des fins idéologiques sont des héritages durables, qui incitent les générations suivantes à s'attaquer aux profondes cicatrices laissées par ce sombre chapitre de l'histoire.

Réactions internationales et premières résistances

Les réactions internationales à la montée du fascisme ont été très diverses, reflétant le paysage géopolitique complexe de l'époque. Si certaines nations se sont alarmées de l'ascension rapide de régimes autoritaires, d'autres ont poursuivi des politiques d'apaisement ou de non-intervention. L'imposition d'un contrôle autoritaire, la propagande et l'expansion militaire des puissances fascistes ont provoqué des réactions diverses de la part de la communauté internationale. La France et la Grande-Bretagne, par exemple, ont d'abord cherché à éviter la confrontation avec l'Allemagne et l'Italie par des négociations diplomatiques et des concessions, une stratégie qui s'est finalement révélée infructueuse à mesure que les ambitions d'Hitler devenaient de plus en plus évidentes. Pendant ce temps, dans les milieux universitaires, les médias et la société civile, les premières résistances aux régimes autoritaires ont vu le jour. Des intellectuels, des artistes et des militants de toute l'Europe et d'ailleurs ont exprimé leur opposition à la propagation du fascisme et à son impact sur la liberté culturelle et intellectuelle. Des organisations et des individus soucieux de préserver les principes démocratiques et les droits de l'homme ont commencé à s'organiser en réseaux clandestins, jetant les bases de futurs actes de résistance.

Les flux croissants de réfugiés fuyant les persécutions dans les territoires contrôlés par le fascisme ont sensibilisé au sort des personnes opprimées sous ces régimes. Les expériences et les témoignages de ces réfugiés ont galvanisé le soutien aux mouvements antifascistes et souligné le besoin urgent de solidarité internationale. L'accumulation des tensions et la défiance ouverte à l'égard des idéologies fascistes ont préparé le terrain pour les alliances et les coalitions qui allaient émerger dans le cadre d'un conflit mondial. Les réactions internationales et les premières résistances ont joué un rôle essentiel dans le déroulement des événements qui ont conduit au déclenchement de la Seconde Guerre mondiale, mettant en lumière le pouvoir de l'action collective et du courage moral face aux forces de la tyrannie et de l'oppression.

Analyse comparative avec d'autres régimes autoritaires

À mesure que nous pénétrons dans les couches complexes des régimes autoritaires, il devient impératif de procéder à une analyse comparative afin de mieux comprendre leur nature et leur impact. Le fascisme, bien que distinct dans sa manifestation, partage des points communs avec d'autres systèmes autoritaires historiques couvrant des contextes culturels et géographiques différents. La montée du totalitarisme au début du XXe siècle constitue un sujet de comparaison incontournable, qui permet d'établir des parallèles et des distinctions entre les mouvements fascistes et leurs homologues. Le communisme soviétique sous le règne de Joseph Staline constitue un régime notable pour l'analyse comparative. Bien qu'idéologiquement différent du fascisme, le stalinisme présentait des similitudes remarquables en ce qui concerne le culte de la personnalité, la centralisation du pouvoir et la répression de la dissidence. Les mécanismes de propagande et le contrôle de l'État sur les médias ont prévalu dans les deux systèmes, favorisant un environnement totalitaire caractérisé par la surveillance et le conformisme idéologique.

L'examen de la montée de l'autoritarisme en Espagne sous Francisco Franco offre de précieuses indications sur l'influence omniprésente de la ferveur nationaliste et de la militarisation de la société - une caractéristique de la gouvernance fasciste. La structure autocratique de l'Espagne franquiste, marquée par la persécution des opposants politiques et une censure rigoureuse, présente des parallèles avec les tactiques répressives employées par l'Allemagne nazie et l'Italie de Mussolini. En examinant les dictatures latino-américaines, notamment le règne d'Augusto Pinochet au Chili et de Juan Perón en Argentine, nous rencontrons des paradigmes autoritaires caractérisés par l'imposition d'un État à parti unique, la répression violente de l'opposition et la priorité donnée aux agendas nationalistes. Ces ressemblances nous incitent à explorer la propagation transnationale de modèles dictatoriaux qui ont transcendé les frontières continentales, faisant écho à la portée mondiale des idéologies fascistes.

Les autocraties contemporaines présentent des caractéristiques durables qui rappellent les États fascistes historiques, illustrant une résonance perpétuelle de la gouvernance autoritaire à travers les domaines temporels et géographiques. La consolidation du pouvoir par l'endoctrinement, la mobilisation de masse et le culte du leadership souligne l'héritage durable des idéologies totalitaires. En somme, une analyse comparative avec d'autres régimes autoritaires permet d'élucider les interconnexions et les divergences dans la trajectoire historique des systèmes oppressifs. En replaçant le fascisme dans le contexte plus large de l'autoritarisme, nous acquérons une compréhension holistique de son émergence, de la consolidation de son pouvoir et de son impact durable - une perspective nuancée essentielle pour discerner les complexités du régime autoritaire et ses implications dans les sociétés contemporaines.

La transition vers le prélude à la guerre

À mesure que l'emprise des régimes fascistes se resserrait sur l'Europe, la transition vers le prélude à la guerre devenait incontestable. La nature intrinsèquement expansionniste de ces gouvernements autoritaires, associée à leur politique étrangère agressive, a semé les graines d'un conflit imminent. Le contexte de dépression économique et de militarisation accrue a encore alimenté les tensions croissantes entre les nations. Cette époque a été marquée par l'érosion des alliances diplomatiques, les puissances fascistes poursuivant leur chemin de conquête par la force militaire et la coercition stratégique. Les alliances et les traités qui avaient préservé la paix fragile au lendemain de la Première Guerre mondiale ont commencé à s'effilocher. La résurgence du nationalisme, associée à des idéologies ferventes de suprématie, a créé une atmosphère propice aux ambitions territoriales et aux luttes de pouvoir. Ce sentiment de droit à la domination a exacerbé les rivalités géopolitiques, suscitant une quête incessante d'expansion territoriale.

Simultanément, la montée du fascisme a suscité l'appréhension générale et déclenché un débat et une intervention au niveau international. Les décideurs politiques ont été confrontés à l'interaction complexe des stratégies militaires, des impératifs économiques et des obligations morales. La course aux armements et les initiatives de réarmement rapide ont encore plus déstabilisé l'équilibre mondial et préparé le terrain pour un cataclysme imminent. l'enchevêtrement d'alliances secrètes, de négociations clandestines et d'opérations secrètes a mis en évidence les manœuvres clandestines des puissances mondiales influentes. Alors que les voies diplomatiques s'essoufflent, l'élan vers la guerre prend de l'ampleur, plongeant le paysage international dans l'incertitude et l'inquiétude. Le crescendo de la ferveur militariste se répercute sur tout le continent, tandis que la crainte palpable d'un conflit se fait sentir. Le spectre envahissant de la guerre a imprégné tous les aspects du discours sociétal et a mobilisé les populations à une échelle sans précédent.

En fin de compte, la transition vers le prélude de la guerre constitue un testament déchirant de la fragilité de la stabilité mondiale et des dangers de l'agression incontrôlée. Elle symbolise un moment charnière de l'histoire, où les forces du totalitarisme et les idéaux démocratiques se sont affrontés avec de graves conséquences. Cette période tumultueuse est un rappel sinistre des répercussions désastreuses de l'extrémisme politique et de l'expansionnisme débridé, qui ont façonné la trajectoire d'une époque marquée par les troubles et les bouleversements.

2

Opération Paperclip

Le recrutement du génie

Opération Paperclip

L'opération Paperclip est un témoignage poignant de l'interaction complexe entre le progrès scientifique, la stratégie politique et les considérations éthiques au lendemain de la Seconde Guerre mondiale. L'objectif premier de cette initiative secrète du gouvernement américain était d'exploiter les prouesses intellectuelles des scientifiques allemands, en particulier ceux qui avaient participé à des recherches technologiques et scientifiques de pointe pendant la guerre. À la base de cette entreprise ambitieuse, il y avait l'impératif stratégique d'acquérir un avantage concurrentiel dans l'escalade de la guerre froide, où l'utilisation d'une expertise de pointe promettait des avancées décisives dans les domaines des capacités militaires, de l'exploration de l'espace et de l'innovation industrielle.

L'opération Paperclip est née d'un amalgame de calculs géopolitiques pragmatiques et d'une quête permanente d'acquisition de connaissances. Les contributions des scientifiques allemands en temps de guerre étaient vénérées et convoitées, ce qui a donné lieu à une quête fervente pour s'assurer de leur expertise afin d'améliorer les intérêts américains d'après-guerre. Bien que les implications morales de l'emploi d'anciens adversaires aient soulevé des dilemmes éthiques irréfutables, la nécessité perçue de devancer les progrès technologiques a servi de justification à la mise en place du programme. La mécanique opérationnelle de l'opération Paperclip reposait sur une sélection méticuleuse de personnalités scientifiques de premier plan, dont les connaissances et les compétences collectives étaient perçues comme des atouts inestimables pour la trajectoire des efforts scientifiques américains. Ce processus sélectif a abouti au recrutement d'esprits renommés dans diverses disciplines, notamment la physique, l'ingénierie, la médecine et la recherche aérospatiale.

En se penchant sur les antécédents historiques qui ont catalysé la formation de l'opération Paperclip, on obtient des informations cruciales sur les récits croisés de la recherche scientifique, des impératifs de sécurité nationale et de la corde raide éthique sur laquelle marchent les décideurs qui naviguent dans les retombées d'une guerre mondiale. À mesure que nous approfondissons les annales de l'opération Paperclip, il devient évident que l'intersection de l'ambition, de la concurrence et des dilemmes moraux a donné lieu à un chapitre novateur dans les annales de l'histoire des sciences. Sur fond de tensions idéologiques et d'exigences d'un ordre mondial en pleine évolution, l'intégration de sommités scientifiques allemandes dans le tissu des institutions de recherche américaines a déclenché une confluence de progrès et de controverses, laissant une empreinte indélébile sur la tapisserie des développements scientifiques de l'après-guerre.

Contexte historique et origines

Après la fin de la Seconde Guerre mondiale, la course à la suprématie scientifique est devenue un élément central du paysage politique mondial. Au lendemain de la guerre, les puissances mondiales ont pris conscience que l'innovation scientifique était la clé de la domination militaire et de la prospérité économique. C'est dans ce climat de concurrence intense et d'urgence que l'opération Paperclip a commencé à prendre forme. Cette initiative secrète, née du désir fervent des États-Unis de prendre l'avantage dans la guerre froide naissante, visait à exploiter les prouesses intellectuelles des scientifiques allemands, en particulier ceux qui travaillaient dans les domaines de l'armement de pointe et des technologies aérospatiales.

Les racines historiques de l'opération Paperclip remontent à la fin de la guerre, alors que les forces alliées avançaient dans les territoires occupés par les nazis. La perspective d'obtenir l'expertise des scientifiques nazis devenait alors de plus en plus alléchante pour les services de renseignement américains. Craignant que l'Union soviétique n'acquière des scientifiques de haut niveau, les États-Unis ont lancé une opération clandestine visant à identifier, recruter et transférer ces personnes sur le sol américain, afin de les mettre à l'abri de toute poursuite pour leur rôle dans le régime nazi. Cette entreprise complexe était sous-tendue par un ensemble de considérations géopolitiques, de dilemmes éthiques et de calculs pragmatiques. Les expériences éprouvantes de la guerre, associées à des ambitions géopolitiques globales, ont convergé pour former la toile de fond dans laquelle l'opération Paperclip a vu le jour.

Le projet trouve son origine dans la crainte profonde de voir un adversaire idéologique prendre l'ascendant technologique et l'avantage stratégique. Un tel contexte souligne à quel point les capacités scientifiques n'étaient pas seulement assimilées à la puissance militaire, mais également liées à la supériorité idéologique et à l'influence diplomatique. L'opération Paperclip incarne donc l'intersection de l'histoire, de l'idéologie et de l'ambition technologique. Ses racines plongent profondément dans les annales de la dynamique du pouvoir d'après-guerre, résumant l'interaction complexe entre les intérêts nationaux, les exigences du temps de guerre et les compromis moraux faits dans la poursuite du progrès scientifique. Ce chapitre de l'histoire est un témoignage poignant de l'héritage enchevêtré des réalisations humaines et de la complexité morale, offrant un récit captivant de l'ambition, de l'aspiration et des conséquences durables de l'entreprise scientifique dans le creuset d'un conflit.

Identification et sélection des scientifiques

L'opération Paperclip a impliqué l'identification et la sélection méticuleuses de scientifiques et de spécialistes de l'Allemagne nazie. Le processus comprenait une évaluation complète des individus possédant une expertise scientifique, en particulier dans les domaines liés au progrès militaire et technologique. Une équipe spéciale composée d'officiers de renseignement, de responsables militaires et de chercheurs s'est vu confier cette responsabilité essentielle, sachant que les décisions de recrutement influenceraient considérablement la trajectoire de l'innovation technologique d'après-guerre.

La phase d'identification a nécessité une analyse exhaustive des réalisations scientifiques, des titres universitaires et des réseaux professionnels en Allemagne. En étroite collaboration avec des informateurs et des transfuges, l'équipe spéciale s'est efforcée de dénicher les joyaux cachés de l'acuité scientifique dans le tumulte de la guerre. Le paysage de la guerre a présenté de nombreux défis, car le chaos et le désarroi ont souvent masqué le véritable potentiel de ces personnes. Cependant, grâce à des enquêtes persistantes et à des alliances stratégiques, la task force a progressivement obtenu une image plus claire des prouesses scientifiques disponibles pour l'assimilation dans la communauté scientifique alliée. Les critères de sélection englobaient non seulement les compétences techniques, mais aussi l'alignement idéologique et la volonté de contribuer à la reconstruction du domaine scientifique mondial. En mettant l'accent sur le progrès durable et les considérations éthiques, le groupe de travail s'est efforcé de veiller à ce que les scientifiques sélectionnés incarnent des valeurs compatibles avec les principes démocratiques défendus par les Alliés. Cet équilibre délicat entre l'excellence scientifique et l'intégrité éthique a mis en évidence la nature ardue du processus de sélection, qui a cherché à naviguer dans les complexités morales inhérentes à l'exploitation du potentiel d'anciens adversaires.

La sélection des scientifiques est allée au-delà du mérite individuel pour englober le potentiel de collaboration et la synergie interdisciplinaire. En mettant l'accent sur une approche holistique de l'acquisition et de la diffusion des connaissances, le groupe de travail a reconnu l'importance de rassembler des compétences diverses qui pourraient collectivement propulser les frontières scientifiques vers des territoires inexplorés. Ces délibérations ont transcendé les frontières nationales, reflétant un engagement résolu à donner la priorité au progrès scientifique plutôt qu'aux rivalités géopolitiques. En fin de compte, l'identification et la sélection des scientifiques dans le cadre de l'opération Paperclip ont constitué une entreprise capitale qui a profondément façonné le cours de la collaboration scientifique de l'après-guerre. La fusion de l'intellect, de l'éthique et de l'ambition a ouvert la voie à des percées sans précédent, annonçant une nouvelle ère d'innovation forgée par la convergence de divers héritages scientifiques.

Cadre juridique et accords secrets

Après l'identification et la sélection des scientifiques dans le cadre de l'opération Paperclip, il était impératif pour le gouvernement des États-Unis d'établir un cadre juridique et de conclure des accords secrets pour faciliter le transfert d'expertise et de connaissances. La complexité de ce processus était profondément ancrée dans la politique de la guerre froide et la course à la supériorité technologique. Le cadre juridique englobait principalement les lois sur l'immigration et la naturalisation, les habilitations de sécurité et les obligations contractuelles. En établissant des protocoles spécifiques, le gouvernement américain a cherché à concilier le recrutement de scientifiques allemands avec ses politiques d'immigration, en veillant à ce que ces spécialistes puissent contribuer aux avancées scientifiques et technologiques américaines. L'équilibre délicat entre la sécurité nationale et le progrès scientifique a nécessité des processus de contrôle rigoureux et des vérifications approfondies des antécédents.

Il a fallu franchir les obstacles juridiques liés à l'entrée de ressortissants étrangers dans le pays, en particulier ceux qui avaient été alignés sur l'Allemagne nazie. Des accords secrets ont été conclus pour préserver la confidentialité de l'opération Paperclip et la soustraire à l'attention du public ou de la communauté internationale. Ces accords exigeaient la plus grande discrétion et la plus grande collaboration entre le gouvernement américain et les scientifiques recrutés, les contraignant à une stricte confidentialité quant à leur participation à l'opération.

La nature clandestine de ces accords soulignait la sensibilité du projet et l'importance de sécuriser le capital intellectuel acquis. ces accords ont permis de préserver la réputation des scientifiques impliqués, en les protégeant contre d'éventuelles réactions négatives ou persécutions. En plus, ils visaient à atténuer les répercussions diplomatiques potentielles tout en préservant l'intégrité des efforts de collaboration entre les États-Unis et l'Allemagne. Le cadre juridique et contractuel complexe de l'opération Paperclip met en lumière les dilemmes éthiques, moraux et juridiques auxquels cette initiative secrète a été confrontée. Il reflète l'intersection sans précédent de la géopolitique, du droit et de la science, soulignant l'impact transformateur des événements historiques sur le développement des efforts scientifiques contemporains.

Figures majeures et pionniers

Le succès de l'opération Paperclip a reposé en grande partie sur les personnes impliquées, dont l'expertise s'est avérée inestimable pour le développement de divers domaines après la guerre. Parmi les figures majeures et les pionniers amenés aux États-Unis dans le cadre de ce programme figuraient d'éminents scientifiques, ingénieurs et chercheurs tels que Wernher von Braun, un talentueux spécialiste des fusées qui a joué un rôle déterminant dans l'avancement de l'exploration spatiale américaine grâce à son travail avec la NASA. Le leadership et la perspicacité technique de Von Braun ont été déterminants dans le développement du lanceur Saturn V, qui a propulsé les missions Apollo sur la lune et cimenté la domination des États-Unis dans le domaine de la technologie spatiale. Arthur Rudolph est un autre pionnier, réputé pour sa contribution au développement de la fusée Saturn V et du programme américain de missiles balistiques, ce qui a considérablement renforcé les capacités de défense stratégique de la nation. Ces personnalités, ainsi que de nombreuses autres, ont joué un rôle essentiel dans le remodelage du paysage scientifique et technologique des États-Unis, laissant une marque indélébile sur l'histoire et le progrès. Leur expertise a non seulement contribué à la sécurité nationale et aux projets aérospatiaux, mais elle a également permis de jeter les bases d'avancées révolutionnaires qui continuent de profiter à l'ensemble de la société. L'héritage de ces figures majeures et de ces pionniers souligne l'interaction complexe entre les prouesses scientifiques, les stratégies géopolitiques et les considérations éthiques, suscitant de profondes réflexions sur l'impact durable de leurs contributions.

Le transfert de technologie : De la guerre au bien-être

À la fin de la Seconde Guerre mondiale, les États-Unis se sont retrouvés en possession d'un trésor d'avancées technologiques et d'expertise scientifique grâce à l'opération Paperclip. Cet afflux de connaissances et d'innovations a entraîné un changement de paradigme, ces technologies issues de la guerre étant réorientées vers des objectifs plus pacifiques et constructifs. La transformation de technologies axées sur la guerre en outils pour le bien-être de la société a représenté un tournant décisif dans l'histoire de l'humanité. Le transfert de ces avancées a permis des progrès rapides dans des domaines allant de la médecine à l'exploration spatiale. Les anciennes technologies militaires ont été réaffectées à l'amélioration de la vie civile, ce qui a permis des percées dans des domaines tels que la santé publique, le développement d'infrastructures et la préservation de l'environnement. Un exemple notable de ce transfert est l'utilisation de la technologie des fusées. Développée à l'origine pour des applications militaires, la fusée est devenue la pierre angulaire de l'exploration spatiale, soutenant la recherche scientifique et la coopération internationale. Ce changement met en lumière l'immense potentiel que recèle la réorientation des innovations de guerre vers des projets pacifiques, démontrant l'adaptabilité et la résilience de l'ingéniosité humaine.

La transition de la guerre au bien-être a également remodelé les alliances stratégiques et la géopolitique mondiale, en encourageant la collaboration et la diplomatie au lieu du conflit et de la confrontation. La recherche commune de la connaissance et du progrès a facilité la compréhension mutuelle entre les nations et les cultures, ouvrant la voie à un monde plus harmonieux et interconnecté. Toutefois, le processus de réorientation des technologies de guerre vers des activités pacifiques n'a pas été sans poser des problèmes et sans soulever des questions d'ordre éthique. La nature à double usage de bon nombre de ces innovations a soulevé des questions quant à leur finalité et à leurs implications potentielles. Trouver un équilibre entre l'exploitation des capacités de ces avancées pour l'amélioration de la société et la prévention de leur utilisation à des fins destructrices a posé un profond dilemme, nécessitant une surveillance attentive et un discernement éthique. En approfondissant le récit de la guerre et du bien-être, il devient évident que le transfert de technologie transcende le simple progrès scientifique ; il témoigne de la capacité d'adaptation et de l'ingéniosité de l'humanité. Cette évolution est un rappel poignant du pouvoir de transformation de l'innovation et de la responsabilité qui accompagne son déploiement.

Défis et controverses

En plongeant dans les profondeurs de l'opération Paperclip, on ne peut ignorer la myriade de défis et de controverses qui ont entouré cette initiative secrète. Alors que les États-Unis cherchaient à exploiter l'expertise scientifique des chercheurs allemands et autrichiens pour les progrès de l'après-guerre, ils ont été confrontés à de nombreux dilemmes éthiques et obstacles opérationnels. L'un des principaux défis était le contrôle et le mécontentement exprimés par certains membres de la communauté scientifique et du public, qui considéraient le recrutement d'anciens scientifiques affiliés aux nazis comme une trahison des principes moraux. Cette situation a suscité une vive controverse, les débats faisant rage sur la question de savoir si les avantages potentiels de l'exploitation de l'intelligence allemande l'emportaient sur la répugnance morale liée à l'emploi de personnes ayant des liens avec le régime nazi.

La validité des rapports de renseignement utilisés pour évaluer la valeur de chaque scientifique a été mise en doute, ce qui a soulevé des questions sur la crédibilité et la transparence du processus de sélection. L'utilisation d'anciennes technologies nazies à des fins d'innovation en temps de paix a également suscité de vives discussions sur les véritables intentions qui sous-tendent l'acquisition de ces actifs et sur les implications potentielles pour la dynamique du pouvoir au niveau mondial.

L'intégration de scientifiques étrangers dans la société et les institutions de recherche américaines a posé des problèmes culturels et bureaucratiques, les barrières linguistiques, la capacité d'adaptation à de nouvelles normes et des méthodologies scientifiques différentes constituant des obstacles à une collaboration sans faille. En outre, le secret absolu entourant l'opération Paperclip a entraîné des tensions internes au sein des agences gouvernementales et des conflits d'intérêts, alimentant les suspicions et les dissensions dans les rangs. Ces éléments litigieux ont jeté une ombre de doute et de malaise sur le projet, soulevant des dilemmes éthiques, politiques, et pratiques complexes qui ont exigé une navigation prudente. Les controverses entourant l'opération Paperclip continuent de susciter une réflexion approfondie sur l'intersection de la science, de l'éthique et des intérêts nationaux, rappelant la nature complexe et ardue de la diplomatie scientifique dans un contexte de bouleversements géopolitiques.

Implications culturelles et éthiques

L'opération Paperclip, malgré ses contributions indéniables au progrès technologique, a fait l'objet d'une intense controverse en raison de ses implications culturelles et éthiques. Le recrutement et l'intégration de scientifiques allemands dans le secteur américain de la recherche et du développement ont soulevé d'importants dilemmes moraux et politiques qui continuent à se répercuter dans l'histoire. Au cœur de ces débats se trouve la décision éthiquement ambiguë de gracier et d'employer des personnes directement associées aux atrocités du régime nazi. Le choc culturel entre les adversaires en temps de guerre, combiné à l'expertise scientifique qu'ils possédaient, a créé un paysage complexe et litigieux.

Les considérations éthiques entourant l'utilisation de technologies développées par des individus complices de crimes de guerre suscitent une profonde réflexion sur la responsabilité des nations et des individus dans l'exploitation d'innovations issues d'origines aussi moralement entachées. Les échos de l'opération Paperclip résonnent comme une mise en garde contre le conflit éternel entre le progrès et les principes. Cet épisode historique nous incite à réfléchir à l'équilibre délicat entre le progrès scientifique et l'intégrité éthique, en nous rappelant que chaque pas vers le progrès exige un examen attentif de ses conséquences potentielles. Ainsi, les implications culturelles et éthiques de l'opération Paperclip dépassent son impact immédiat et nous rappellent que les progrès de l'humanité s'accompagnent de responsabilités éthiques durables.

Contributions scientifiques après la guerre

Après les années tumultueuses de la Seconde Guerre mondiale, l'opération Paperclip a facilité le transfert d'esprits scientifiques remarquables de l'Europe déchirée par la guerre vers les États-Unis, stimulant la recherche et l'innovation dans divers domaines. Ces brillants cerveaux ont joué un rôle essentiel dans le remodelage et l'avancement de disciplines scientifiques clés, laissant une marque indélébile sur l'avenir de la technologie, de la médecine et de l'exploration spatiale. Dans le domaine de la fusée et de l'aviation, l'afflux de scientifiques et d'ingénieurs allemands a considérablement accéléré le développement de la technologie aérospatiale. Leur expertise et leurs idées ont ouvert la voie à des réalisations monumentales telles que l'alunissage d'Apollo et l'exploration de l'espace extra-atmosphérique. L'héritage de ces contributions scientifiques de l'après-guerre continue de se répercuter dans les avancées modernes en matière de systèmes de propulsion, de communication par satellite et d'exploration planétaire.

La communauté médicale a connu de profondes avancées grâce à l'afflux de scientifiques exilés. Les percées en matière de pharmacologie, de lutte contre les maladies infectieuses et de techniques chirurgicales ont été nourries par la richesse des connaissances et de l'expertise apportées par ces personnes estimées. Leurs contributions ont non seulement révolutionné les pratiques médicales, mais elles ont également jeté les bases de la recherche actuelle dans des domaines tels que l'immunothérapie, le génie génétique et la médecine personnalisée. Dans le domaine de la physique théorique et de la science nucléaire, les contributions des scientifiques exilés se sont avérées transformatrices. Leurs efforts collectifs ont conduit à des percées dans les domaines de l'énergie nucléaire, de la physique des particules et de la mécanique quantique, modifiant fondamentalement notre compréhension de l'univers. Les implications de leur travail se sont étendues au-delà de la recherche scientifique, façonnant les politiques énergétiques mondiales et encourageant la coopération internationale en matière de recherche nucléaire et d'initiatives de non-prolifération.

Les collaborations interdisciplinaires suscitées par l'opération Paperclip ont catalysé des innovations dans divers secteurs, de la science des matériaux à l'informatique. L'afflux de talents scientifiques a favorisé une culture d'échange intellectuel et de fertilisation interdisciplinaire, conduisant à des développements qui ont changé le paradigme dans des domaines tels que les technologies de l'information, les nanotechnologies et l'ingénierie durable. L'influence de ces contributions scientifiques de l'après-guerre transcende les frontières temporelles et géographiques, imprégnant les paysages technologiques et les cadres sociétaux contemporains. En réfléchissant à l'impact durable de ces individus visionnaires, nous comprenons mieux l'interaction complexe entre les événements historiques et le progrès scientifique, soulignant l'héritage durable de l'opération Paperclip sur la trajectoire de la connaissance et de l'innovation humaines.

Conclusion : Réflexion sur l'impact

L'opération Paperclip est un moment charnière de l'histoire, qui a façonné la trajectoire du progrès scientifique et des stratégies géopolitiques. En réfléchissant à l'impact de cette entreprise clandestine, il devient évident que l'intégration des scientifiques allemands dans le tissu de la science et de l'industrie occidentales a eu des répercussions considérables dans de nombreux domaines. Les contributions scientifiques de l'après-guerre catalysées par l'opération Paperclip ont non seulement enrichi les domaines de la technologie, de la médecine et de la défense, mais ont également influencé le paysage sociopolitique de l'époque. En examinant les dilemmes éthiques et moraux découlant du projet Paperclip, il est essentiel de reconnaître le réseau complexe de circonstances qui a entouré la dynamique mondiale de l'après-guerre. L'impératif de progrès technologique dans le contexte des tensions naissantes de la guerre froide a précipité l'absorption de l'expertise d'anciens adversaires. Cette énigme éthique continue de susciter des débats et des réflexions sur les compromis entre le progrès et la rectitude morale.

L'impact durable des travaux des scientifiques recrutés souligne l'interconnexion de l'innovation mondiale. Leurs découvertes et avancées ont transcendé les frontières nationales, alimentant des révolutions scientifiques qui se sont répercutées dans le monde entier. Des percées dans les domaines de la fusée et de l'aéronautique à la recherche médicale et à l'ingénierie, l'empreinte du projet Paperclip reste un témoignage de l'ingéniosité et de la collaboration humaines. L'héritage historique de l'opération Paperclip incite la société contemporaine à contempler les leçons durables qu'elle offre.

En réconciliant les histoires communes de l'entreprise scientifique et des manœuvres géopolitiques, nous sommes contraints de nous confronter à l'orchestration de la dynamique du pouvoir et à l'interaction nuancée entre le savoir et l'autorité. Les nuances éthiques et les précédents historiques établis par le projet Paperclip constituent un rappel indélébile des forces qui s'entrecroisent et qui façonnent le cours du progrès humain. En fin de compte, la réflexion sur l'impact de l'opération Paperclip nous pousse à nous interroger sur les liens complexes entre l'ambition, l'éthique et les conséquences dans le domaine de la découverte scientifique. Alors que nous naviguons dans le paysage en constante évolution de l'innovation technologique, les échos du projet Paperclip résonnent à la fois comme une mise en garde et comme un témoignage de la quête perpétuelle de la connaissance et du progrès.

3

La collaboration de l'ombre

Origines et premières conspirations

Les origines de la collaboration clandestine entre diverses entités pendant la période tumultueuse de la Seconde Guerre mondiale sont profondément ancrées dans le paysage géopolitique complexe de l'époque. Alors que la guerre faisait rage et que les puissances mondiales se disputaient la suprématie, des accords clandestins ont été conclus et des alliances secrètes ont été établies afin d'obtenir des avantages stratégiques. Ces collaborations résultaient souvent d'un puissant mélange de nécessité, d'intérêts mutuels et d'alignements idéologiques qui transcendaient les frontières nationales. Les premières conspirations et les premiers réseaux apparus à cette époque ont jeté les bases d'un impact considérable sur la technologie, le renseignement et la politique mondiale. Motivés par le désir d'acquérir un avantage dans l'effort de guerre, les nations et les factions ont engagé des négociations clandestines et partagé leur expertise technologique sous le voile du secret.

La convergence des progrès scientifiques, de la stratégie militaire et de l'espionnage a créé un environnement où la collaboration a prospéré dans l'ombre. La formation initiale de ces alliances témoigne d'un réseau d'intrigues, les principaux acteurs manœuvrant pour asseoir leur position et étendre leur sphère d'influence. Si certaines collaborations sont nées de considérations pragmatiques, d'autres ont été guidées par des affinités idéologiques et des visions du monde partagées. L'entrelacement de calculs géopolitiques et d'agendas clandestins a ouvert la voie à un chapitre de l'histoire défini par des partenariats secrets et des échanges discrets de connaissances et de ressources. Les premières conspirations, souvent entourées de mystère et de subterfuges, ont semé les graines d'un réseau complexe qui allait jeter une longue ombre sur l'après-guerre, influençant de manière significative la trajectoire de la politique mondiale et les avancées technologiques. Comprendre les origines et les motivations de ces collaborations clandestines dévoile un récit captivant qui illustre l'intersection de l'ambition, du pouvoir et du secret dans le contexte d'un monde englouti par les conflits.

Définition des accords de collaboration

Les accords de collaboration conclus pendant les périodes de conflit et de tension entre les nations ont joué un rôle essentiel dans l'évolution de l'histoire. Ces accords représentent un réseau complexe d'alliances, d'ententes et de négociations discrètes qui sont souvent restées à l'abri de l'attention du public pendant des décennies. Au cœur de ces accords se trouvaient des objectifs stratégiques profonds, allant de l'obtention d'avantages technologiques à l'acquisition de connaissances en matière de renseignement. Les conditions spécifiques de ces pactes de collaboration variaient considérablement, reflétant l'interaction complexe des intérêts politiques, militaires et industriels.

Ces accords transcendaient les frontières nationales et réunissaient des partenaires improbables animés par l'objectif commun d'acquérir un avantage dans la guerre et au-delà. Les accords de collaboration se caractérisaient par leur nature clandestine et nécessitaient un haut niveau de confidentialité et de discrétion. Ces pactes impliquaient des cadres juridiques et des protocoles opérationnels méticuleusement élaborés, décrivant l'étendue des échanges d'informations, du partage des ressources et des initiatives de développement conjointes. Ces accords ont constitué l'épine dorsale d'opérations à grande échelle visant à tirer parti de l'expertise, des ressources et des technologies de plusieurs parties pour atteindre des objectifs mutuels.

ces accords ont non seulement facilité le transfert de connaissances essentielles, mais ils ont également ouvert la voie à des partenariats à long terme qui se sont prolongés bien au-delà des conflits dans lesquels ils ont vu le jour. Les éléments clés de ces accords de collaboration comprenaient la délimitation des responsabilités, l'établissement de canaux de communication et l'identification de domaines de coopération mutuellement bénéfiques. Chaque partie a apporté des capacités et des atouts uniques, ce qui a donné lieu à des accords synergiques qui ont permis des avancées et des percées rapides dans divers domaines.

Les accords témoignent de la convergence d'idéologies et d'intérêts nationaux distincts, soulignant l'équilibre complexe des pouvoirs et le pragmatisme qui sous-tendent les collaborations. Il est essentiel de reconnaître que ces accords de collaboration n'étaient pas dépourvus de défis et de complexités. Ils ont souvent donné lieu à des dilemmes moraux et éthiques complexes, notamment en ce qui concerne l'acquisition et l'utilisation de connaissances à double usage. En outre, la dynamique de ces accords a été influencée par des paysages géopolitiques en constante évolution et des alliances changeantes, ce qui a ajouté des couches d'imprévisibilité et de volatilité aux efforts de collaboration. Alors que nous naviguons dans les annales de l'histoire, l'élucidation des nuances de ces accords permet de mieux comprendre l'interconnexion des affaires mondiales, la dynamique de l'innovation et les répercussions durables de la collaboration en temps de guerre.

Personnages clés et dialogues secrets

La collaboration entre les personnalités clés de diverses organisations pendant la période tumultueuse des bouleversements sociopolitiques de l'après-guerre a été entourée de secret et de dialogues clandestins. La convergence des esprits et des idéologies dans l'ombre d'intérêts et d'objectifs communs a donné naissance à un réseau de discussions secrètes et de liaisons stratégiques qui ont façonné de manière significative le cours de l'histoire. Parmi ces personnalités énigmatiques, on trouve d'éminents scientifiques, des agents de renseignement, des hommes politiques influents et des magnats de l'industrie, dont la participation à des dialogues secrets a eu des répercussions durables sur le paysage mondial. Ces personnes ont agi avec discrétion, utilisant souvent des communications codées et des lieux de réunion sécurisés pour protéger leurs échanges de tout examen minutieux. Le récit de cette collaboration secrète dévoile un réseau de conversations complexes tenues dans des lieux tenus secrets, au cours desquelles des décisions cruciales ont été prises à huis clos. Ces dialogues ont été marqués par des négociations astucieuses, l'échange de connaissances exclusives et l'orchestration de pactes influents visant à préserver les avantages mutuels et à consolider le pouvoir.

L'influence de ces conversations clandestines s'étendait au-delà des cercles diplomatiques traditionnels, imprégnant les domaines de la technologie de pointe, des opérations secrètes et de la collecte de renseignements stratégiques. La profondeur de ces interactions montre la détermination des personnages clés à naviguer dans la tapisserie complexe de la géopolitique de l'après-guerre et du progrès technologique, en opérant souvent en marge du dialogue conventionnel. Au fur et à mesure que les chapitres de l'histoire se déroulent, l'étendue réelle de l'impact de ces dialogues secrets continue d'être un sujet d'intrigue et d'examen scientifique intense, mettant en lumière les actions cachées de personnalités clés qui ont exercé une influence significative derrière les rideaux voilés du secret. Les récits entrecroisés de ces conversations énigmatiques permettent non seulement de comprendre les complexités de la collaboration d'après-guerre, mais aussi de rappeler de manière poignante les implications profondes de telles interactions à l'échelle mondiale.

Échanges stratégiques : Technologie et renseignement

La coopération entre les collaborateurs de l'ombre s'est étendue au-delà du simple échange d'informations. Les échanges stratégiques de technologies et de renseignements ont constitué l'épine dorsale de leur alliance, modifiant le cours de l'histoire. Ce partenariat secret a facilité le transfert de connaissances scientifiques avancées, de conceptions d'armes sophistiquées et d'innovations technologiques de pointe. La nature clandestine de ces échanges a permis l'acquisition sans faille de renseignements cruciaux, permettant à chaque partie d'acquérir un avantage concurrentiel dans un environnement marqué par l'espionnage et le contre-espionnage. Les dirigeants et les experts des deux parties se sont engagés dans des négociations confidentielles, alimentant la progression rapide des capacités militaires et des percées scientifiques. Ces interactions ont ouvert la voie à des avancées sans précédent dans les domaines de l'aviation, de la fusée, de la cryptographie et de la production industrielle, influençant finalement l'issue des conflits en temps de guerre et les développements de l'après-guerre. Il convient de souligner les collaborations orchestrées qui ont brouillé les frontières nationales, transcendé les idéologies politiques et mis l'accent sur l'ambition commune d'une suprématie technologique inégalée. Les échanges stratégiques ont été marqués par un mélange calculé de ressources, d'expertise et de méthodologies opérationnelles, la collaboration énigmatique cherchant non seulement à dépasser les adversaires, mais aussi à façonner la trajectoire future de la guerre et de la domination technologique. Au fur et à mesure que se déroulait la tourmente d'un conflit mondial, le réseau interconnecté de la technologie et du renseignement a favorisé un environnement où l'innovation a prospéré dans le secret et les manœuvres secrètes. Cependant, les conséquences de ces échanges se sont répercutées bien au-delà de l'ère de la guerre, laissant une empreinte indélébile sur la dynamique ultérieure de l'industrie, de l'innovation et des relations internationales.

Opérations secrètes : Facilitation et exécution

Les opérations secrètes ont joué un rôle essentiel dans la facilitation et l'exécution de la collaboration clandestine entre diverses entités au cours d'une période tumultueuse de l'histoire. Ces activités clandestines impliquaient l'acquisition stratégique de technologies de pointe, la collecte de renseignements et l'orchestration de missions d'espionnage complexes qui ont façonné la trajectoire du progrès technologique. Opérant derrière le voile du secret, ces opérations secrètes ont été méticuleusement planifiées et exécutées avec précision, brouillant souvent les frontières entre les limites éthiques et la poursuite d'un avantage stratégique. La facilitation des opérations secrètes impliquait la mise en place de réseaux complexes, d'une logistique opérationnelle et le recrutement d'agents hautement qualifiés possédant des compétences spécialisées en matière d'infiltration, de surveillance et de sabotage. L'exécution de ces opérations secrètes exige un mélange méticuleux de prévoyance stratégique, de ruse opérationnelle et de connaissance approfondie du paysage géopolitique. Des missions d'approvisionnement secrètes aux efforts de reconnaissance furtifs, ces opérations englobaient un large éventail d'activités clandestines menées dans l'ombre d'un conflit mondial. La réussite de ces opérations repose sur le maintien d'une discrétion absolue, l'exploitation des faiblesses des organisations rivales et le franchissement de plusieurs niveaux de protocoles de sécurité.

L'adaptabilité et la résistance des agents déployés dans ces missions secrètes étaient primordiales et déterminaient souvent le succès ou l'échec des objectifs globaux. En outre, la convergence des manœuvres politiques et des subterfuges technologiques a accru les enjeux de ces opérations secrètes, marquant un chapitre crucial dans les annales de l'histoire. L'intégration transparente des technologies de pointe dans le tissu de l'espionnage a mis en évidence la nature multiforme de ces opérations, qui transcendent la guerre conventionnelle et redéfinissent la dynamique des jeux de pouvoir aux plus hauts échelons d'influence. Alors que ces entreprises secrètes se déroulaient dans l'ombre, elles ont laissé un impact durable sur le cours de l'histoire, façonnant le récit des relations internationales et de l'innovation technologique pour les décennies à venir. En dévoilant les subtilités de ces opérations secrètes, on découvre une passionnante saga d'ingéniosité, de risques et d'allégeance, qui met en lumière les énigmatiques courants sous-jacents qui ont influencé la trajectoire du progrès technologique et de la domination mondiale. L'héritage de ces opérations secrètes continue de résonner dans le discours contemporain, suscitant de profondes réflexions sur les énigmes éthiques et les impératifs stratégiques enchevêtrés dans la tapisserie clandestine des efforts de collaboration.

Le rôle de l'espionnage dans le progrès technologique

L'espionnage, un art clandestin affiné au fil de l'histoire, a joué un rôle essentiel dans le progrès technologique pendant et après la Seconde Guerre mondiale. En dévoilant les stratagèmes voilés et les manœuvres secrètes de diverses agences de renseignement, nous explorerons l'interaction complexe entre l'espionnage et le progrès technologique. Sous le manteau et les opérations de poignardage, les unités de renseignement se sont engagées dans des plans élaborés pour infiltrer les territoires ennemis et s'approprier les plans, l'expertise et les innovations de pointe. Grâce à ce subterfuge, elles ont acquis une connaissance inestimable des développements scientifiques et industriels de leurs adversaires, influençant ainsi la trajectoire du paysage technologique mondial.

L'ensemble des connaissances volées et des données recueillies subrepticement ont permis de réaliser des percées dans des domaines allant de l'aérospatiale et de l'armement à la cryptographie et à la médecine. Les informations inestimables glanées grâce à l'espionnage ont non seulement stimulé les prouesses technologiques des Alliés, mais ont également remodelé le paradigme de la recherche et du développement de l'après-guerre. Cette fusion d'activités clandestines et de poursuites technologiques a contribué à une ère d'innovation scientifique sans précédent, orientant le cours de la civilisation moderne. Ce qui s'est passé dans l'ombre de l'espionnage continue de se répercuter sur les progrès technologiques contemporains, témoignant ainsi de l'imbrication indissociable de l'espionnage et du progrès technologique.

Impact sur la dynamique de la guerre et les réactions des alliés

L'impact de la collaboration clandestine sur la dynamique de la guerre et les réactions des Alliés a été profond et multiforme. Les avancées technologiques et les renseignements glanés grâce aux opérations clandestines ont considérablement modifié le cours de la guerre. L'une des influences les plus notables a été l'intégration de la technologie allemande avancée dans les stratégies militaires alliées, ce qui a entraîné un changement essentiel dans la dynamique des conflits mondiaux. Cette infusion d'expertise et d'innovation a entraîné un changement de paradigme dans la nature de la guerre, ouvrant la voie à la modernisation des tactiques militaires et de l'armement.

Les réponses des Alliés aux révélations et aux implications de cette collaboration ont été nombreuses et complexes. Dans un premier temps, il est apparu urgent d'exploiter les connaissances et les capacités nouvellement acquises tout en atténuant les menaces potentielles posées par les avancées de l'ennemi. Cela a entraîné une vague d'évaluations stratégiques et de réévaluations des mécanismes de défense, qui ont fini par remodeler le paysage de la sécurité et de la diplomatie mondiales.

L'échange collaboratif de renseignements et de technologies a déclenché un effet d'entraînement transformateur dans divers secteurs de la défense nationale et des stratégies géopolitiques. Cela a engendré des efforts de coopération sans précédent entre les nations alliées, favorisant de nouvelles alliances et de nouveaux cadres opérationnels visant à exploiter et à tirer parti des renseignements et des innovations partagés. Ces initiatives ont jeté les bases des concepts modernes de sécurité collective et de défense mutuelle qui continuent de façonner les relations internationales aujourd'hui.

L'impact s'est étendu au-delà de la sphère militaire immédiate, infiltrant les paysages sociopolitiques et les domaines économiques. Les connaissances et les avancées acquises ont catalysé les percées industrielles et facilité l'émergence de nouvelles industries, engendrant un héritage durable de progrès technologique et de croissance économique. Elles ont également renforcé le discours sur les dimensions éthiques et morales des avancées scientifiques et technologiques, incitant à l'introspection et au dialogue international sur les réglementations et la surveillance. En somme, la collaboration occulte a exercé une influence significative sur la dynamique de la guerre et a suscité des réponses résolues de la part des Alliés, aboutissant à une redéfinition de l'ordre mondial. Son impact durable s'est manifesté par des avancées révolutionnaires dans les domaines militaire, technologique et géopolitique, façonnant fondamentalement la trajectoire de l'histoire et forgeant un héritage qui continue de résonner dans les considérations stratégiques contemporaines.

Controverses et conflits éthiques

La collaboration entre d'anciens ennemis pendant et après la Seconde Guerre mondiale pour tirer parti des connaissances scientifiques et de l'expertise technologique a suscité d'importantes controverses et soulevé des conflits éthiques complexes. Si l'alliance a permis des avancées sans précédent dans divers domaines, elle a également plongé les nations impliquées dans des débats concernant les implications morales de leurs actions. L'une des questions les plus controversées concernait l'utilisation des résultats scientifiques issus d'expériences menées par les puissances de l'Axe selon des normes éthiques douteuses. La décision des Alliés de recruter clandestinement des scientifiques impliqués dans de telles pratiques et de tirer profit de leurs recherches a suscité de nombreux dilemmes éthiques. Cela a soulevé des questions pertinentes concernant la responsabilité de ces nations influentes en matière de respect des normes éthiques, même en période de conflit et d'urgence.

L'utilisation controversée des résultats d'expériences inhumaines a suscité des critiques et des condamnations au niveau international. L'échange stratégique d'informations de renseignement au sein du réseau de collaboration a entraîné d'autres complexités éthiques. La dissimulation délibérée de découvertes et de connaissances vitales au public, pour des raisons de sécurité, a engendré un conflit entre les intérêts de sécurité nationale et la transparence. Cela a entravé la libre circulation des informations qui auraient pu contribuer au progrès scientifique mondial et potentiellement empêcher la duplication des efforts de recherche.

Le manque de responsabilité et de transparence entourant ces opérations clandestines a suscité une méfiance profondément ancrée entre les pays et un scepticisme persistant quant aux arrière-pensées. Des obligations morales contradictoires et la recherche d'avantages géopolitiques ont conduit à un réseau de dilemmes éthiques qui continuent d'influencer les discussions contemporaines sur l'intégrité scientifique, les relations internationales et le rôle des gouvernements dans la promotion d'une innovation responsable. Ces controverses persistantes nous poussent à réévaluer les décisions historiques et leurs implications avec un regard critique, façonnant ainsi notre compréhension de l'intersection complexe entre la science, la moralité et le pouvoir.

Déclassification et connaissance du public

Le processus de déclassification d'informations autrefois confidentielles ou secrètes est depuis longtemps un sujet de controverse au sein des gouvernements et des organisations du monde entier. À la suite d'événements historiques importants, en particulier ceux qui concernent la sécurité nationale et les opérations de défense, la publication de documents classifiés fait souvent l'objet d'un examen minutieux et d'un débat intense. C'est pourquoi nous examinons les complexités entourant la déclassification et son impact sur la connaissance du public. Grâce à la déclassification de certains documents, les particuliers et les chercheurs ont accès à une multitude d'informations qui n'avaient pas été divulguées auparavant et qui constituent des ressources cruciales pour la recherche et la compréhension historiques. Cet accès permet une analyse approfondie et favorise une meilleure compréhension des événements passés, notamment des efforts de collaboration et des accords clandestins qui ont façonné la trajectoire du développement technologique et des conflits mondiaux.

Le processus de déclassification permet au public d'examiner les actions et les décisions des autorités, contribuant ainsi à la transparence et à la responsabilité au sein des structures gouvernementales. Si la publication de ces informations permet de faire la lumière sur des événements historiques cruciaux, elle soulève également plusieurs préoccupations et défis. La déclassification nécessite un examen attentif des répercussions potentielles, en particulier lorsque des documents sensibles peuvent avoir une incidence sur les relations diplomatiques, la sécurité nationale ou les opérations de renseignement en cours.

La déclassification sélective de documents peut, par inadvertance, perpétuer des préjugés ou des récits incomplets, influençant ainsi l'interprétation d'événements historiques. La recherche d'un équilibre entre la transparence et la sauvegarde d'intérêts essentiels reste un défi perpétuel dans le processus de déclassification. Dans le contexte de la Seconde Guerre mondiale et de ses conséquences, la déclassification de documents relatifs à des initiatives de collaboration permet de mieux comprendre le réseau complexe des relations internationales, des échanges scientifiques et des conséquences pratiques des procédures clandestines. Elle ouvre des perspectives critiques sur la manière dont la sensibilisation du public et le discours des universitaires contribuent à la préservation et à la diffusion des connaissances sur ces périodes déterminantes de l'histoire.

Alors que les révélations continuent d'émerger grâce aux efforts de déclassification, les sociétés s'efforcent de concilier les implications de cette nouvelle prise de conscience avec la nécessité de faire preuve de sensibilité dans le traitement des informations classifiées. L'importance de la déclassification va au-delà de la présentation de faits historiques ; elle façonne le discours contemporain et encourage une évaluation nuancée de décisions éthiquement complexes. La perspective d'un accès élargi aux documents déclassifiés souligne l'impératif de naviguer à l'intersection de la clarté historique et de la gestion responsable des données sensibles, affirmant ainsi le devoir permanent d'honorer l'intégrité et la pertinence durable des collaborations historiquement significatives.

Conséquences et effets à long terme

À la suite de la déclassification d'informations précédemment dissimulées, la révélation de la collaboration obscure entre des ennemis en temps de guerre a eu des conséquences d'une grande portée et des effets à long terme qui se sont répercutés sur le paysage géopolitique. La diffusion publique de ces accords clandestins a suscité d'intenses débats et un examen minutieux, remodelant les récits historiques et les perceptions de l'après-guerre. La révélation des efforts de collaboration a remis en question les croyances établies sur les alliances et les implications morales des partenariats stratégiques, incitant à une réévaluation de la conduite en temps de guerre et de son impact sur les affaires mondiales.

4

Les fusées et la course à l'espace

Fondements et premières visions

Les premiers fondements de la science des fusées remontent aux visions profondes et au travail de pionnier d'individus qui ont osé explorer le domaine de l'espace et de la propulsion. Au début du XXe siècle, Konstantin Tsiolkovsky, un scientifique russe, a jeté les bases théoriques de l'exploration spatiale avec son concept visionnaire d'utilisation de fusées pour voyager au-delà de l'atmosphère terrestre. Les calculs et les écrits révolutionnaires de Tsiolkovski sur la fusée ont non seulement inspiré les futures générations de scientifiques et d'ingénieurs, mais sont également devenus le fondement de l'astronautique moderne. Parallèlement aux travaux de Tsiolkovski, Robert Goddard, physicien américain, a minutieusement étudié les principes de la propulsion des fusées et a été le premier à lancer avec succès une fusée à carburant liquide en 1926. Les expériences novatrices de Goddard et son dévouement inlassable au perfectionnement de la technologie des fusées ont joué un rôle essentiel dans l'élaboration de la trajectoire de l'exploration spatiale.

Ces premiers pionniers ont dû faire face au scepticisme et se sont souvent heurtés à des résistances dans leur quête du voyage spatial. Leur engagement inébranlable à faire progresser la science des fusées, malgré les nombreux défis qu'ils ont dû relever, a jeté les bases des avancées monumentales qui allaient suivre. Les visions de Tsiolkovski et de Goddard ne se sont pas limitées à leurs pays respectifs, mais ont suscité un intérêt mondial pour le potentiel inexploité des voyages dans l'espace. Leurs travaux ont ouvert la voie à une nouvelle ère de recherche scientifique et d'innovation technologique, suscitant une passion pour la conquête de la dernière frontière. À mesure que nous avançons dans ce récit historique, il devient évident que sans les contributions fondamentales de pionniers comme Tsiolkovski et Goddard, les progrès stupéfiants réalisés dans le domaine de la science des fusées et de l'exploration spatiale au fil des décennies n'auraient jamais été possibles. Ces visionnaires ont semé les graines du possible à une époque où le rêve d'atteindre les étoiles était perçu comme une simple fantaisie. Leur héritage durable continue d'inspirer et de guider l'exploration moderne de l'espace, témoignant de l'esprit indomptable de l'ambition et de l'ingéniosité humaines.

Les pionniers de la science des fusées

Les premières décennies du XXe siècle ont été marquées par un essor de l'exploration scientifique, avec des individus qui se sont passionnés pour la science des fusées. À l'avant-garde de ce mouvement se trouvaient plusieurs personnalités dont le travail de pionnier a jeté les bases des avancées révolutionnaires qui allaient suivre. L'une de ces personnalités est Konstantin Tsiolkovski, scientifique russe et visionnaire dont les travaux théoriques sur la propulsion des fusées et les voyages dans l'espace ont considérablement influencé le développement de l'astronautique. Son concept révolutionnaire d'utilisation de fusées à plusieurs étages a non seulement propulsé l'idée du voyage interplanétaire, mais a également inspiré les générations suivantes de scientifiques et d'ingénieurs.

Parallèlement, en Allemagne, Hermann Oberth, souvent considéré comme le père de la fusée moderne, a contribué à élucider les aspects techniques de la conception et de la propulsion des fusées. Par ses écrits et ses expériences, Oberth a démontré le potentiel des fusées à carburant liquide, ouvrant ainsi la voie aux applications pratiques de la technologie spatiale. Un autre personnage clé de la science des fusées est Robert H. Goddard, physicien et ingénieur américain dont les recherches approfondies et les expériences novatrices ont abouti au premier vol réussi d'une fusée à carburant liquide en 1926. Les contributions décisives de Goddard à la conception des fusées et son plaidoyer en faveur de l'exploration spatiale lui ont valu le titre de "père de la fusée moderne". Parallèlement, en France, les efforts du physicien et ingénieur français Jean-Jacques Barré ont stimulé la recherche européenne en matière de fusées et d'astronautique. Les expériences méticuleuses de Barré sur les fusées à combustible solide ont illustré le potentiel de ces systèmes de propulsion, influençant les développements ultérieurs de en matière de technologie des missiles et d'exploration spatiale. Ces visionnaires, ainsi que de nombreux autres contributeurs méconnus, ont collectivement propulsé la science des fusées vers des territoires inexplorés, déclenchant une quête mondiale de connaissances et d'innovation qui continue à façonner notre compréhension du cosmos.

La Seconde Guerre mondiale : Des progrès sous pression

Pendant la Seconde Guerre mondiale, la course au développement d'armes et de technologies de pointe a atteint un niveau d'urgence sans précédent. Alors que le conflit s'intensifiait, les nations du monde entier ont consacré des ressources considérables à la recherche scientifique et à l'ingénierie dans le but d'obtenir un avantage décisif. Cette pression intense a conduit à des avancées remarquables dans divers domaines, y compris la science des fusées. La nécessité de disposer d'armes à longue portée capables d'infliger des dégâts considérables a été à l'origine d'une innovation intense dans la technologie des fusées. Les puissances de l'Axe et les puissances alliées ont cherché à exploiter le potentiel des fusées en tant qu'armes de guerre, ce qui a conduit à des percées significatives dans les domaines de la propulsion et de l'aérodynamique. En Allemagne, les nazis ont fait œuvre de pionniers en développant des missiles balistiques, notamment avec la fusée V-2, qui est devenue le premier missile balistique guidé à longue portée au monde. Cette prouesse technologique a révolutionné le concept de la guerre et a marqué un tournant dans l'histoire de la fusée. La demande accrue de technologie des fusées pendant la guerre a permis des avancées rapides qui ont jeté les bases de l'exploration spatiale ultérieure. Il est essentiel de reconnaître les implications éthiques et morales complexes de ces développements, illustrées par la complicité des scientifiques dans la militarisation du progrès scientifique.

La recherche de la supériorité militaire a involontairement catalysé des réalisations scientifiques et techniques sans précédent, jetant les bases de la course à l'espace de l'après-guerre et de l'exploration du cosmos. L'héritage des avancées de la Seconde Guerre mondiale en matière de technologie des fusées se répercute sur les innovations modernes, soulignant l'immense impact des exigences de la guerre sur la trajectoire du progrès scientifique.

Des fusées V-2 à l'exploration spatiale

Après la fin de la Seconde Guerre mondiale, les avancées technologiques réalisées en Allemagne, notamment grâce au développement et au déploiement de la fusée V-2, ont jeté les bases d'une nouvelle ère dans l'histoire de l'humanité : l'exploration de l'espace. La fusée V-2, sous la direction de Wernher von Braun et de son équipe, a représenté un bond en avant dans la technologie des fusées, servant de tremplin pour les réalisations ultérieures dans le domaine des voyages dans l'espace. À la fin de la guerre, les États-Unis et l'Union soviétique ont cherché à tirer parti des connaissances et de l'expertise acquises grâce aux scientifiques allemands capturés et au programme V-2. Ce moment charnière a marqué le début d'une compétition intense entre les deux superpuissances, déclenchant la course à la conquête de l'ultime frontière.

Grâce à l'opération Paperclip, de nombreux scientifiques allemands, dont von Braun, ont été amenés aux États-Unis pour apporter leur expertise au programme américain de fusées en plein essor. Dans le même temps, l'Union soviétique a également fait des progrès considérables dans le développement des fusées, grâce aux contributions de ses propres experts allemands capturés. La guerre froide a servi de toile de fond à cette intense rivalité, et le monde a assisté à la concurrence féroce entre les États-Unis et l'URSS, chacun cherchant à dépasser l'autre dans la poursuite de l'exploration spatiale. Cette période de transformation a donné lieu à des réalisations remarquables, qui ont culminé avec des événements marquants tels que le lancement réussi de Spoutnik 1 par l'Union soviétique, marquant l'aube de l'ère spatiale. Ces développements monumentaux ont non seulement propulsé le progrès scientifique, mais ont également redéfini le paysage géopolitique, façonnant l'avenir des relations internationales. Des fusées V-2 aux percées décisives dans l'exploration spatiale, cette époque a jeté les bases de l'extraordinaire voyage de l'humanité au-delà de la Terre, inspirant des générations à viser les étoiles.

Les États-Unis et l'URSS sont devenus de redoutables rivaux dans le domaine de l'exploration spatiale, déclenchant l'une des compétitions les plus influentes et les plus intenses de l'histoire de l'humanité. Cette course sans précédent a mis en lumière l'excellence technologique et les prouesses stratégiques des deux nations, façonnant le cours du progrès scientifique et la dynamique géopolitique à l'échelle mondiale. Alors que la guerre froide s'intensifie, le lancement du satellite soviétique Spoutnik en 1957 résonne dans le monde entier, marquant le début d'une rivalité spatiale féroce. Les États-Unis, stimulés par cette réussite soviétique, ont galvanisé leurs efforts, ce qui a conduit à la création de la NASA en 1958. Par la suite, le vol historique de Youri Gagarine, premier homme dans l'espace en 1961, a propulsé l'URSS sur le devant de la scène, exacerbant l'urgence ressentie dans le programme spatial américain.

Cette atmosphère compétitive a donné lieu à une série d'événements monumentaux, notamment l'engagement audacieux du président John F. Kennedy de faire atterrir un homme sur la lune avant la fin des années 1960. Cette déclaration n'a pas seulement incarné la fervente détermination des États-Unis, mais aussi l'esprit indomptable de l'exploration humaine. L'aventure d'Apollo 11, qui a culminé avec le pas emblématique de Neil Armstrong sur la surface lunaire en 1969, constitue un témoignage durable de la détermination et de l'ingéniosité inébranlables de l'entreprise spatiale américaine. Par ailleurs, les réalisations importantes de l'URSS ne peuvent être négligées, avec des étapes marquantes telles que le programme Luna, qui a conduit à la réussite des premières missions robotiques non habitées sur la lune. Cet exploit pionnier a consolidé la position de l'Union soviétique en tant que force de premier plan dans le domaine des sciences et de l'ingénierie spatiales, suscitant d'autres percées qui ont fait progresser notre compréhension des corps célestes. La nature compétitive de la course à l'espace a non seulement amplifié le rythme de l'innovation technologique, mais elle a également suscité une anticipation internationale et capté l'imagination de millions de personnes. La juxtaposition des États-Unis et de l'URSS a symbolisé le contraste entre deux idéologies distinctes, façonnant l'opinion publique et favorisant un sentiment collectif de fierté et d'émerveillement. En fin de compte, cette période de compétition fervente a jeté les bases d'avancées transcendantes dans les réalisations humaines, stimulant des possibilités illimitées et alimentant des progrès qui continuent de résonner dans notre exploration de l'espace extra-atmosphérique. L'héritage de la course à l'espace entre les États-Unis et l'URSS reste un témoignage durable de l'impact indélébile de la détermination, de la collaboration et de la poursuite inébranlable de la connaissance.

Les innovations technologiques et leur prolifération

La course à l'espace entre les États-Unis et l'URSS a donné lieu à une ère de progrès technologiques monumentaux. Les innovations technologiques ont rapidement proliféré, les deux nations cherchant à se surpasser l'une l'autre pour franchir de nouvelles étapes dans l'exploration de l'espace. Cette rivalité intense a suscité une vague d'investissements dans la recherche et le développement, favorisant des avancées sans précédent dans l'ingénierie aérospatiale et les domaines connexes. L'une des innovations technologiques les plus importantes de cette période a été la miniaturisation et l'optimisation de l'électronique pour les applications spatiales. Les deux superpuissances ont consacré des ressources au développement de composants électroniques compacts mais résistants, capables de supporter les rigueurs des voyages dans l'espace. Cela a conduit à des réalisations révolutionnaires telles que le développement de systèmes de guidage, de satellites de communication et d'instruments sophistiqués indispensables au contrôle des engins spatiaux et à la transmission des données.

L'évolution de la science et de l'ingénierie des matériaux a joué un rôle crucial dans l'amélioration de la durabilité et des performances des engins spatiaux, leur permettant de résister à l'environnement hostile au-delà de l'atmosphère terrestre. Un autre aspect clé de l'innovation technologique a été le perfectionnement des systèmes de propulsion. Les deux nations se sont engagées dans une quête incessante de technologies de propulsion plus puissantes et plus efficaces pour propulser leurs engins spatiaux en orbite et au-delà. Cette quête a vu l'émergence de solutions pionnières telles que les moteurs à carburant liquide, les propulseurs à poudre et des concepts de propulsion révolutionnaires qui ont jeté les bases des futures missions dans l'espace.

Les progrès des technologies informatiques et des logiciels ont joué un rôle essentiel dans la trajectoire de l'exploration spatiale. Le développement de systèmes informatiques et de logiciels sophistiqués a permis de calculer des trajectoires précises, de planifier des missions complexes et de surveiller les missions spatiales en temps réel. Ces avancées ont facilité l'exécution de manœuvres complexes, la navigation dans l'espace lointain et la collecte de grandes quantités de données scientifiques sur les corps célestes. La prolifération des innovations technologiques a également dépassé les frontières nationales. Des collaborations et des partenariats internationaux ont vu le jour en raison d'objectifs communs en matière d'exploration spatiale. Parmi les exemples notables, on peut citer les coentreprises de développement d'engins spatiaux, les initiatives de recherche collaborative et l'échange de connaissances et d'expertise dans les technologies aérospatiales de pointe. Ces partenariats ont non seulement accéléré le rythme des progrès technologiques, mais ont également favorisé un esprit de coopération et d'unité dans la poursuite de l'exploration du cosmos. En somme, la période marquée par la course à l'espace entre les États-Unis et l'URSS a été le théâtre d'une vague d'innovations technologiques sans précédent qui a eu des répercussions dans tous les domaines de la science et de l'ingénierie. Incarnation de l'ingéniosité humaine, ces avancées ont propulsé l'humanité vers une nouvelle frontière, jetant les bases des extraordinaires réalisations et découvertes qui allaient façonner le cours de l'exploration spatiale pour les années à venir.

Figures clés du développement des fusées

La progression du développement des fusées est inextricablement liée aux individus visionnaires qui ont consacré leur vie à faire progresser ce domaine technologique de pointe. D'innombrables personnalités ont laissé une empreinte indélébile dans l'histoire de la fusée, propulsant l'humanité vers les étoiles grâce à une innovation incessante et une détermination inébranlable. Parmi ces sommités figure la figure pionnière de Konstantin Tsiolkovski, un scientifique russe dont les travaux théoriques ont jeté les bases de l'astronautique moderne. Les recherches révolutionnaires de Tsiolkovski sur la propulsion des fusées et les voyages dans l'espace ont fondamentalement façonné la trajectoire de l'exploration spatiale, inspirant des générations de scientifiques et d'ingénieurs à se surpasser.

Wernher von Braun, l'éminent ingénieur aérospatial allemand, occupe également une place centrale dans les annales du développement des fusées. Ses contributions essentielles à l'avancement de la technologie des fusées, notamment le développement de la fusée V-2 pendant la Seconde Guerre mondiale et ses travaux ultérieurs avec la NASA, ont consolidé son statut de figure prééminente dans ce domaine. L'expertise et le leadership de Von Braun ont contribué à façonner la trajectoire de l'exploration spatiale, menant à des réalisations monumentales telles que les alunissages d'Apollo. Sergei Korolev, le brillant concepteur en chef du programme spatial soviétique, est une autre sommité dans le domaine du développement des fusées. Réputé pour ses prouesses techniques exceptionnelles et sa vision stratégique, Korolev a été le fer de lance du développement de nombreux engins spatiaux pionniers, dont le premier satellite artificiel du monde, Spoutnik 1, et les emblématiques missions habitées Vostok et Soyouz. Sa recherche incessante de l'excellence technologique et son engagement inébranlable à repousser les limites de l'exploration spatiale ont cimenté son héritage en tant que force transformatrice dans le développement des fusées.

Les contributions novatrices de Robert H. Goddard, surnommé le "père de la fusée moderne", ont eu un impact profond sur l'évolution de la technologie des fusées. Les recherches fondamentales de M. Goddard dans le domaine de la fusée à combustible liquide ont ouvert la voie à des avancées significatives dans le domaine des systèmes de propulsion, jetant ainsi les bases du lancement de l'humanité dans l'espace. Son esprit et ses inventions de pionnier ont laissé une empreinte durable dans l'histoire du développement des fusées, témoignant de la puissance d'une pensée visionnaire et d'un dévouement inlassable. Ces personnes remarquables, parmi tant d'autres, ont révolutionné le paysage du développement des fusées grâce à leur ingéniosité, leur passion et leur engagement inébranlable à repousser les limites de l'exploit humain. Leurs contributions collectives constituent la pierre angulaire de l'exploration spatiale moderne, inspirant les générations futures à poursuivre la quête de nouvelles frontières et de découvertes astronomiques.

Principaux lancements : Les étapes franchies

Le parcours de la technologie des fusées a été marqué par de nombreux moments décisifs, les principaux lancements constituant des jalons indélébiles dans la progression de l'exploration spatiale. Chaque lancement représente l'aboutissement d'années d'efforts scientifiques et techniques, propulsant l'humanité vers de nouvelles frontières de la connaissance et de la découverte. L'un des lancements les plus emblématiques qui a captivé le monde entier est la mission historique Apollo 11 en 1969. Cette réalisation révolutionnaire a permis à l'homme de poser le pied sur la surface lunaire pour la première fois, marquant ainsi une avancée sans précédent dans notre compréhension des environnements extraterrestres. Les images et les mots transmis depuis la surface de la lune par les astronautes Neil Armstrong et Buzz Aldrin restent gravés dans la conscience collective de l'humanité, symbolisant le triomphe de l'ingéniosité et de la détermination humaines. Une autre étape remarquable a été le lancement du télescope spatial Hubble en 1990, qui a révolutionné notre compréhension du cosmos. Positionné en orbite terrestre basse, le télescope Hubble a fourni des images sans précédent de galaxies lointaines, de nébuleuses et d'autres phénomènes célestes, apportant des informations inestimables sur les origines et l'évolution de l'univers. Ses contributions continuent de façonner notre compréhension de l'astrophysique et de la cosmologie, soulignant l'impact profond des observatoires spatiaux. Plus récemment, les missions des rovers martiens ont incarné l'esprit d'exploration et d'innovation technologique. Des missions emblématiques telles que Curiosity et Persévérance ont permis à l'humanité d'étendre sa portée à la planète rouge, en menant des recherches scientifiques approfondies et en ouvrant la voie à d'éventuelles expéditions humaines futures. Les données et les images retransmises sur Terre ont mis en lumière le paysage martien et fourni des indices alléchants sur l'histoire géologique de la planète et son potentiel d'habitabilité.

Le déploiement réussi de stations spatiales internationales, telles que la Station spatiale internationale (ISS), témoigne des succès de la collaboration dans le domaine de l'exploration spatiale. La présence continue d'astronautes menant des recherches et des expériences dans l'environnement de microgravité de l'ISS a permis des avancées scientifiques inestimables dans divers domaines, notamment la biologie, la science des matériaux et la médecine. Ces initiatives démontrent les avantages considérables qui découlent de la coopération et de la coordination internationales dans le cadre des missions spatiales. Au-delà de ces exemples spécifiques, d'innombrables lancements de satellites, insertions orbitales et sondes de l'espace lointain ont élargi notre compréhension du système solaire et au-delà. Des missions Voyager s'aventurant dans l'espace interstellaire à la mission New Horizons offrant des vues sans précédent de Pluton, chaque lancement représente un triomphe de la curiosité humaine et de la quête de connaissances. Lorsque nous réfléchissons à ces lancements majeurs et aux étapes qu'ils représentent, il devient évident que l'exploration spatiale continue d'unir l'humanité dans la poursuite d'objectifs transcendants. Ces réalisations servent de balises d'inspiration, soulignant le potentiel illimité de l'effort scientifique et l'esprit durable de l'exploration. Alors que nous nous tournons vers l'avenir, ces réalisations nous incitent à aller plus loin, à rêver plus grand et à relever les défis et saisir les opportunités qui se trouvent au-delà de notre planète.

Impact mondial de la technologie des fusées

La technologie des fusées, avec sa capacité profonde à propulser l'humanité au-delà des limites de notre planète, a eu un impact mondial considérable. L'avènement des fusées et de l'exploration spatiale a non seulement révolutionné notre compréhension de l'univers, mais a également exercé une influence significative sur divers aspects de la vie sur Terre. L'un des impacts les plus frappants de la technologie des fusées est son rôle dans la promotion de la collaboration et de la concurrence internationales. La course à l'espace entre les États-Unis et l'Union soviétique au milieu du 20e siècle a non seulement stimulé d'incroyables avancées scientifiques et technologiques, mais a également alimenté la fierté et l'identité nationales. Cette compétition féroce a transformé le paysage politique et a motivé des investissements sans précédent dans l'éducation, la recherche et l'innovation à l'échelle mondiale.

La technologie des fusées a joué un rôle déterminant dans la promotion de la coopération internationale pour l'exploration et l'utilisation pacifiques de l'espace extra-atmosphérique. Les missions de collaboration, telles que la Station spatiale internationale, ont rassemblé des nations autour d'objectifs communs, transcendant les frontières géopolitiques et encourageant la bonne volonté entre les pays.

L'impact mondial de la technologie des fusées s'étend aux dimensions économique, industrielle et sociétale. Le développement et l'application de la fusée ont conduit à l'émergence de nouvelles industries, d'opportunités d'emploi et de croissance économique, notamment grâce aux progrès des communications par satellite, des systèmes de navigation et des technologies d'observation de la Terre. Ces innovations jouent un rôle essentiel dans la résolution de divers problèmes mondiaux, notamment le changement climatique, la gestion des catastrophes et la surveillance des ressources.

L'exploration spatiale a incité d'innombrables personnes à poursuivre des carrières dans les domaines de la science, de l'ingénierie et de la technologie, contribuant ainsi à la formation d'une main-d'œuvre hautement qualifiée et spécialisée qui stimule l'innovation dans divers secteurs.

L'impact culturel et inspirant de l'exploration spatiale ne peut être surestimé. Des moments emblématiques, tels que les premiers pas de l'homme sur la Lune, ont captivé l'imagination des peuples du monde entier, suscitant des aspirations et des ambitions qui transcendent les frontières culturelles, linguistiques et nationales. Ces réalisations monumentales sont des symboles durables de l'ingéniosité et de la détermination humaines, qui inspirent les générations futures à rêver grand et à atteindre les étoiles. En somme, l'impact mondial de la technologie des fusées couvre des domaines allant de la géopolitique et de la coopération internationale à l'économie, la société et la culture. Alors que nous continuons à repousser les limites de l'exploration spatiale et de l'innovation technologique, il est essentiel de reconnaître et d'exploiter les vastes implications de la technologie des fusées pour façonner un avenir mondial prospère et harmonieux.

L'évolution continue et l'ère spatiale moderne

L'évolution continue de la technologie des fusées a

propulsé l'humanité dans une nouvelle ère d'exploration spatiale marquée par des réalisations sans précédent et des projets ambitieux. À mesure que nous pénétrons dans l'ère spatiale moderne, il devient évident que les progrès réalisés dans les systèmes de propulsion, la conception des engins spatiaux et les efforts de collaboration internationale ont considérablement élargi notre compréhension du cosmos et redéfini nos capacités à nous aventurer au-delà des limites de la Terre. L'un des aspects déterminants de l'ère spatiale moderne est la diversification des agences spatiales et l'émergence de sociétés privées de vols spatiaux, chacune contribuant à un paysage dynamique d'innovation et d'entreprise. Avec l'essor des partenariats entre les entités gouvernementales et les entreprises commerciales, l'exploration et l'utilisation de l'espace ont pris de nouvelles dimensions, avec des implications formidables pour la recherche scientifique, la croissance économique et la collaboration mondiale.

L'avènement de technologies de propulsion de pointe, telles que les moteurs ioniques et les systèmes de propulsion chimique avancés, a ouvert la voie à des missions durables dans l'espace lointain et à la perspective de voyages interplanétaires. Ces avancées technologiques ouvrent la voie à une ère d'exploration spatiale étendue, nous permettant d'atteindre des corps célestes éloignés avec une précision et une efficacité sans précédent.

L'ère spatiale moderne a été marquée par l'intérêt croissant pour le tourisme spatial et le développement rapide de systèmes de lancement réutilisables, signe d'une démocratisation potentielle de l'accès à l'espace. Cette évolution vers des systèmes de transport spatial durables et rentables pourrait révolutionner notre relation avec l'espace, en le rendant plus accessible à un plus large spectre de la société et en favorisant une ère de présence humaine sans précédent au-delà de l'orbite terrestre. Si nous nous tournons vers l'avenir, l'ère spatiale moderne offre des possibilités irrésistibles de repousser nos frontières scientifiques, d'établir des avant-postes humains permanents au-delà de la Terre et d'exploiter les ressources illimitées du cosmos d'une manière responsable et durable. La convergence progressive de systèmes de propulsion innovants, de la science des matériaux de pointe et d'architectures de mission visionnaires promet des avancées transformatrices dans l'exploration et l'exploitation de l'espace, marquant une époque définie par des aspirations audacieuses et des découvertes inégalées.

5

Triomphes et épreuves

Les merveilles de l'ingénierie nazie

Aperçu des avancées technologiques nazies

Les progrès technologiques réalisés par les nazis au cours de la Seconde Guerre mondiale ont constitué une avancée significative en matière d'ingénierie et d'innovation. Les nazis ont mis l'accent sur la recherche et le développement, ce qui a permis des avancées révolutionnaires dans divers domaines technologiques. L'un des domaines les plus avancés est celui de l'armement et des véhicules militaires. Les ingénieurs allemands sont à l'origine de la conception et de la production de chars d'assaut redoutables, tels que les redoutables Tiger et Panther, dont la puissance de feu et le blindage sont supérieurs à ceux de leurs homologues alliés. Ces avancées ont révolutionné la guerre blindée et ont influencé la conception des chars pour les décennies à venir.

Les nazis ont réalisé des progrès remarquables dans le domaine de la technologie aérospatiale en mettant au point des avions à réaction d'avant-garde. Le Messerschmitt Me 262, premier avion de combat à réaction opérationnel au monde, symbolise les réalisations de pointe des ingénieurs aéronautiques allemands. Cet avion innovant a surpassé les avions à hélice conventionnels, soulignant les prouesses du régime nazi en matière d'ingénierie aérospatiale.

Les ingénieurs nazis ont joué un rôle essentiel dans l'évolution de la technologie des fusées et des missiles. La fusée V-2, un des premiers missiles balistiques, représente une réalisation monumentale dans le domaine de la propulsion et des armes à longue portée. Dirigée par le brillant esprit de Wernher von Braun, cette merveille d'ingénierie a préfiguré l'aube de l'exploration spatiale et a servi de précurseur aux systèmes de missiles avancés développés dans l'après-guerre. Outre ces avancées militaires, les nazis se sont également lancés dans d'autres domaines technologiques, notamment la communication, les infrastructures et la médecine. Leurs avancées en matière de cryptographie et de technologies de communication ont non seulement soutenu leurs efforts en temps de guerre, mais ont également jeté les bases des méthodes de cryptage modernes.

L'Autobahn, un réseau autoroutier pionnier, illustre l'approche avant-gardiste des nazis en matière de développement d'infrastructures et d'ingénierie des transports. Les progrès réalisés dans le domaine de la recherche médicale et de l'expérimentation humaine, bien que contestés sur le plan éthique, ont permis d'acquérir des connaissances précieuses dans des domaines tels que la médecine aéronautique et la chirurgie traumatologique. Bien que moralement répréhensibles, ces découvertes ont contribué à la progression de la science médicale et des méthodes de traitement. Il est essentiel de se pencher sur les avancées technologiques réalisées par les ingénieurs nazis pour comprendre l'héritage complexe des innovations de l'époque de la Seconde Guerre mondiale. Ces avancées ont laissé une marque indélébile dans l'histoire, influençant les progrès technologiques ultérieurs et servant de rappel convaincant de l'intersection complexe entre l'éthique, l'innovation et la poursuite de la connaissance scientifique.

Percées techniques dans le domaine des véhicules terrestres

Au cours de la période tumultueuse de la Seconde Guerre mondiale, les percées techniques réalisées par l'Allemagne nazie dans le domaine des véhicules terrestres témoignent de ses remarquables prouesses technologiques. L'innovation et la maîtrise de la conception de ces véhicules ont révolutionné les opérations militaires et ont eu un impact profond sur l'issue de batailles cruciales. Le développement des chars Tiger I et Tiger II, réputés pour leur blindage et leur puissance de feu redoutables, a constitué une avancée majeure. Ces chars lourds représentaient un bond en avant dans la guerre blindée et constituaient un formidable défi pour les forces alliées sur le champ de bataille.

L'utilisation de systèmes de suspension avancés et de moteurs puissants a amélioré la mobilité et la maniabilité de ces véhicules, leur permettant de traverser des terrains difficiles avec une agilité sans précédent. Le char Panther s'est également révélé être une merveille d'ingénierie révolutionnaire, intégrant des conceptions innovantes de blindage incliné pour une meilleure protection et établissant de nouvelles normes pour la guerre des chars.

Le développement de canons automoteurs tels que les redoutables Elefant et Jagdpanther a démontré la compétence de l'ingénierie allemande dans l'intégration d'armes lourdes sur des plates-formes mobiles, remodelant ainsi la dynamique du combat blindé. En outre, les emblématiques half-tracks, illustrés par des modèles tels que le Sd.Kfz. 251, ont illustré la polyvalence de l'ingénierie allemande, en combinant les capacités d'un véhicule chenillé avec la capacité de transport d'un camion, améliorant ainsi la mobilité et les capacités de soutien des unités d'infanterie. Ces progrès dans l'ingénierie des véhicules terrestres reflètent non seulement la perspicacité technique des ingénieurs allemands, mais soulignent également la prévoyance stratégique dans la transformation de la doctrine et de la tactique militaires. La recherche incessante de l'excellence technique dans le domaine des véhicules terrestres par l'Allemagne nazie incarne la volonté fervente de dominer le champ de bataille, établissant une référence pour les innovations futures dans le domaine de la guerre blindée. Alors que nous nous penchons sur les détails complexes de ces triomphes techniques, il devient évident que l'héritage des avancées technologiques nazies dans le domaine des véhicules terrestres se répercute dans les annales de l'histoire militaire, nous obligeant à examiner d'un œil critique leur impact durable et les leçons qu'elles nous transmettent.

Développement de l'infrastructure stratégique

Au milieu du chaos de la Seconde Guerre mondiale, l'Allemagne nazie a entrepris un ambitieux programme de développement d'infrastructures stratégiques, visant à établir un réseau capable de soutenir ses opérations militaires et ses besoins logistiques. Un plan global de construction et d'entretien des infrastructures essentielles, telles que les routes, les voies ferrées et les ponts, était la clé de cette entreprise. Ces infrastructures ont été conçues pour permettre le déplacement rapide de troupes, d'équipements et de ressources sur de vastes distances, améliorant ainsi la mobilité stratégique de la machine militaire allemande. La construction d'autobahns, par exemple, a non seulement facilité le déploiement rapide des forces, mais a également contribué à la revitalisation économique du pays. Le concept d'autosuffisance industrielle est au cœur du développement des infrastructures stratégiques. Les nazis cherchaient à construire une base industrielle solide capable de répondre aux exigences de la guerre, réduisant ainsi leur dépendance à l'égard des importations étrangères. Cette volonté s'est traduite par la création et l'expansion d'usines, d'installations de production et de zones industrielles stratégiquement positionnées pour soutenir l'effort de guerre. L'intégration de l'infrastructure industrielle à la logistique militaire a joué un rôle essentiel dans l'issue des principales batailles et campagnes.

Les nazis ont utilisé des techniques d'ingénierie avancées pour fortifier les positions défensives et créer des forteresses imprenables. La construction d'ouvrages défensifs complexes, tels que le mur de l'Atlantique, témoigne de leur volonté de fortifier les territoires clés contre les envahisseurs potentiels. Ces développements d'infrastructures stratégiques ont eu un impact profond sur la conduite de la guerre, en façonnant efficacement le champ de bataille et en influençant la prise de décision tactique.

L'utilisation d'installations de fabrication souterraines, telles que le complexe Mittelwerk, a illustré l'approche innovante des nazis en matière de protection des actifs critiques contre les bombardements aériens. Cependant, malgré les progrès remarquables réalisés dans le développement des infrastructures, les exigences sans cesse croissantes de la guerre ont mis à rude épreuve les ressources et la main-d'œuvre disponibles. Au fur et à mesure que la guerre progressait, il devenait de plus en plus difficile de maintenir et de réparer les infrastructures vitales en raison de la pénurie de matériel et de la pression croissante exercée par les Alliés. La destruction des principaux nœuds de transport et des infrastructures essentielles par les bombardements ennemis a encore exacerbé ces difficultés, entravant gravement les opérations militaires allemandes.

En somme, les développements stratégiques de l'infrastructure entrepris par l'Allemagne nazie pendant la Seconde Guerre mondiale reflètent une approche à multiples facettes englobant les transports, l'industrie, la défense et la gestion des ressources. Ces efforts ont mis en évidence le lien entre la stratégie militaire, les prouesses techniques et la résilience de la société, laissant un héritage durable dans les annales de l'histoire.

Innovations dans la fabrication d'armes

La période qui a précédé la Seconde Guerre mondiale et qui s'est déroulée pendant celle-ci a été marquée par une forte poussée d'innovations dans le secteur de la fabrication d'armes, en particulier avec les merveilles de l'ingénierie nazie. Cette époque a marqué un tournant important dans l'application des progrès scientifiques et des capacités industrielles, avec pour résultat le développement d'un armement redoutable qui allait redéfinir la nature de la guerre. L'un des principaux domaines d'intérêt était la création d'armes à feu et d'armements perfectionnés, conçus pour améliorer l'efficacité au combat. Les ingénieurs allemands ont révolutionné les armes légères en produisant des armes emblématiques telles que la mitraillette MP40, réputée pour sa fiabilité et ses performances sur le champ de bataille.

L'introduction du fusil d'assaut StG 44 a représenté un saut évolutif dans la puissance de feu de l'infanterie, jetant les bases des fusils d'assaut modernes. L'intégration de techniques de fabrication de haute précision et de configurations d'armes innovantes a souligné la supériorité technologique de l'industrie allemande de l'armement.

Le déploiement stratégique de l'artillerie lourde et de l'armement antichar a mis en évidence les prouesses de l'industrie nazie de l'armement. La mise au point de puissants canons de chars, dont le redoutable canon Flak de 88 mm, a démontré la capacité à concevoir des munitions puissantes et polyvalentes, capables de modifier le cours des batailles. Au-delà de l'armement conventionnel, l'époque a également été marquée par la poursuite ambitieuse d'une technologie militaire de pointe, illustrée par la fusée V-2 - une réalisation remarquable dans le domaine de la technologie des missiles balistiques à longue portée. La mise en œuvre réussie de ce système d'arme a marqué le début d'une nouvelle ère dans la guerre, préfigurant l'avenir du développement des missiles et de l'exploration de l'espace. Toutefois, ces progrès dans la fabrication d'armes n'étaient pas dénués d'implications éthiques, car l'utilisation du progrès scientifique à des fins destructrices soulevait de profonds dilemmes moraux. Si les prouesses techniques de l'Allemagne nazie ont laissé une marque indélébile dans l'histoire de la guerre, elles soulignent également l'intersection complexe de l'innovation technologique et de la responsabilité morale, suscitant des réflexions critiques sur l'impact des réalisations scientifiques en temps de conflit.

Le rôle des ingénieurs dans l'effort de guerre

Les ingénieurs ont joué un rôle essentiel dans l'issue de la Seconde Guerre mondiale grâce à leurs conceptions novatrices, à leur planification stratégique et à leur expertise technique. Chargés de développer des armes, des infrastructures et des technologies de pointe, les ingénieurs ont été à la pointe de l'effort de guerre, contribuant de manière significative au succès de leurs nations respectives. Les exigences de la guerre ont incité les équipes d'ingénieurs à repousser les limites du possible, ce qui a conduit à des développements remarquables qui continuent d'influencer la technologie et l'industrie modernes. L'un des domaines clés où les ingénieurs ont eu un impact profond a été la conception et la production d'avions militaires, notamment de bombardiers, de chasseurs et d'avions de reconnaissance. Leur expertise en aérodynamique, en systèmes de propulsion et en science des matériaux a conduit à la création d'avions de pointe qui ont redéfini la nature de la guerre aérienne. Ces avancées ont permis des campagnes de bombardement stratégique, des missions de reconnaissance aérienne et des batailles de supériorité aérienne qui se sont avérées décisives sur les différents théâtres de guerre.

Les ingénieurs ont joué un rôle déterminant dans le développement des chars et autres véhicules blindés, qui ont révolutionné les combats terrestres. En mettant à profit leurs connaissances en génie mécanique et en technologies automobiles, ils ont conçu et perfectionné des unités blindées qui ont apporté un soutien crucial à l'infanterie et joué un rôle essentiel dans les opérations offensives et défensives. L'ingéniosité des ingénieurs dans la création de véhicules blindés plus efficaces et plus puissants a eu un impact direct sur la dynamique de la guerre terrestre.

Le rôle critique des ingénieurs s'est étendu au-delà de l'équipement de combat traditionnel pour inclure la construction d'infrastructures vitales telles que les ponts, les routes et les fortifications. Leur expertise en matière de génie civil et structurel a permis le déploiement rapide de réseaux logistiques, le renforcement des positions défensives et la facilitation des mouvements de troupes. La capacité à construire et à réparer rapidement les infrastructures essentielles s'est avérée indispensable pour soutenir l'effort de guerre et assurer la mobilité des forces militaires.

L'application de solutions d'ingénierie innovantes aux défis de la guerre navale a mis en évidence la polyvalence et l'adaptabilité des équipes d'ingénieurs. De la conception de navires avancés à la création de véhicules amphibies et de péniches de débarquement, les ingénieurs ont démontré leur capacité à surmonter des obstacles maritimes complexes. Leurs contributions ont considérablement influencé le succès des opérations navales et contribué à la force globale des forces alliées en mer.

En résumé, on ne saurait trop insister sur le rôle indispensable des ingénieurs dans l'effort de guerre. Leur créativité, leurs prouesses techniques et leur dévouement sans faille ont contribué à façonner le cours de la Seconde Guerre mondiale. Grâce à leurs remarquables réalisations, les ingénieurs ont non seulement soutenu les opérations militaires, mais ils ont également jeté les bases des avancées technologiques qui allaient définir l'après-guerre.

Les défis de l'allocation et de la gestion des ressources

Au cours des années tumultueuses de la Seconde Guerre mondiale, l'allocation et la gestion des ressources ont posé de formidables défis aux merveilles de l'ingénierie nazie. Face à une demande croissante de matériel et de capital humain pour alimenter ses avancées technologiques, le régime s'est trouvé confronté à une série de dilemmes complexes qui ont mis à l'épreuve son leadership et ses prouesses logistiques. La nécessité d'allouer efficacement les ressources à un large éventail de projets, allant du matériel militaire au développement des infrastructures, a exigé une planification et une exécution méticuleuses. L'un des principaux défis réside dans la rareté des ressources critiques telles que l'acier, l'aluminium et le carburant, car ces produits sont essentiels à la fois à la production militaire et à la subsistance des civils. La concurrence pour ces ressources opposait souvent les différents secteurs de la machine de guerre, ce qui a donné lieu à des luttes de pouvoir complexes et à des débats sur les priorités au sein de la hiérarchie nazie.

Les vastes conquêtes territoriales ont nécessité le transport des ressources sur de vastes distances, ce qui a aggravé les difficultés logistiques et rendu les lignes d'approvisionnement plus vulnérables aux interventions de l'ennemi. La gestion du capital humain a également posé d'importants défis. La main-d'œuvre qualifiée était très demandée pour l'ingénierie, la production et l'exploitation des technologies de pointe. Le régime a trouvé un équilibre délicat entre l'utilisation de sa main-d'œuvre pour les besoins militaires immédiats et l'investissement dans la formation spécialisée pour les projets à long terme. Parallèlement, le travail forcé et l'exploitation des populations carcérales soulevaient des questions éthiques, mais constituaient une source importante et controversée de main-d'œuvre pour les projets ambitieux du régime.

L'allocation des ressources pour assurer la durabilité au milieu des bombardements et des blocus alliés a exigé des stratégies d'adaptation. Les infrastructures civiles ont été négligées alors que des ressources vitales ont été détournées vers des projets militaires, ce qui a créé des tensions sociales et exacerbé la pression générale sur l'économie nazie. Les inefficacités inhérentes au contrôle centralisé de l'allocation et de la gestion des ressources ont également entravé la capacité du régime à réagir de manière dynamique à l'évolution de la situation en temps de guerre. Les goulets d'étranglement bureaucratiques, les erreurs de communication et les directives contradictoires ont souvent conduit à un gaspillage des ressources et à des occasions manquées d'innovation technologique. En somme, les défis posés par l'allocation et la gestion des ressources pendant la Seconde Guerre mondiale ont constitué des obstacles insurmontables pour les merveilles de l'ingénierie nazie. L'interaction complexe entre la rareté des matériaux, l'utilisation de la main-d'œuvre, les considérations éthiques et l'adaptabilité stratégique ont mis en évidence les immenses difficultés rencontrées par le régime pour maintenir ses ambitions technologiques dans le chaos d'un conflit mondial.

Dilemmes éthiques et controverses

La poursuite des merveilles de l'ingénierie avancée pendant la Seconde Guerre mondiale a donné lieu à une myriade de dilemmes et de controverses éthiques qui continuent à faire l'objet de débats et de réflexions. L'un des principaux défis éthiques auxquels ont été confrontés les ingénieurs et les scientifiques travaillant au sein du régime nazi était le lien omniprésent entre l'innovation technologique et l'idéologie du parti nazi. Le développement et l'application de technologies de pointe à des fins militaires ont soulevé de profondes questions morales concernant la responsabilité des scientifiques et des ingénieurs dans leur contribution à une guerre destructrice. Cela a suscité un examen critique des limites éthiques des activités scientifiques, en particulier lorsque les résultats sont utilisés pour perpétuer des agendas autoritaires et la souffrance humaine. L'exploitation controversée du travail forcé dans la construction et l'entretien d'infrastructures clés et d'installations d'armement a encore aggravé les dilemmes éthiques. Les ingénieurs ont été confrontés à la complicité de l'utilisation de la main-d'œuvre forcée pour faire avancer la domination technologique. L'utilisation de personnes réduites en esclavage dans le cadre de ces projets a laissé des traces durables dans la conscience des personnes impliquées et a déclenché des discussions sur la responsabilité des professionnels dans des contextes moralement turbulents.

L'acquisition et l'intégration de connaissances scientifiques issues d'expérimentations contraires à l'éthique et inhumaines ont soulevé des préoccupations éthiques inquiétantes. L'implication de certaines personnes dans des expériences médicales inhumaines et l'utilisation de données obtenues à partir de ces atrocités dans des avancées technologiques ont jeté une longue ombre de trouble moral. Ces pratiques troublantes ont mis en évidence la convergence troublante du progrès scientifique et des transgressions éthiques, suscitant des réflexions contemporaines sur les responsabilités des chercheurs et des ingénieurs dans des environnements éthiques difficiles. Les dilemmes et les controverses éthiques se sont prolongés au-delà des périodes de guerre, façonnant les discours actuels sur les implications morales du progrès technologique. En nous plongeant dans ces dimensions complexes et controversées, nous sommes contraints d'affronter les défis éthiques à multiples facettes auxquels sont confrontés les ingénieurs en période de conflit mondial et les leçons durables qui continuent de résonner dans la société contemporaine.

Analyse comparative avec les efforts des ingénieurs alliés

Après la fin de la Seconde Guerre mondiale, une analyse critique des merveilles de l'ingénierie nazie par rapport à leurs homologues alliés révèle des informations importantes sur le paysage technologique qui a façonné les résultats de la guerre. L'analyse comparative des efforts d'ingénierie des nazis et des alliés met en lumière les avancées novatrices réalisées par les deux camps dans des domaines tels que les véhicules terrestres, l'aviation, l'armement et l'infrastructure stratégique au cours du conflit mondial.

D'emblée, il est impératif de reconnaître les avancées

notables réalisées par les ingénieurs nazis en parallèle avec les technologies avancées développées par les forces alliées. L'analyse comparative se penche sur l'impact global de la dynamique de l'ingénierie sur la progression et les résultats de la Seconde Guerre mondiale. L'examen de la conception et du déploiement des véhicules terrestres montre que les puissances de l'Axe et les puissances alliées ont toutes deux fait preuve d'une expertise exemplaire en matière de merveilles d'ingénierie telles que les chars, les véhicules blindés et les unités de transport. L'étude comparative souligne l'efficacité et les avantages tactiques conférés par les différentes philosophies d'ingénierie employées par les factions opposées, mettant en lumière l'approche nuancée de la guerre mécanisée en tenant compte de facteurs tels que la mobilité, la puissance de feu et la capacité de survie.

L'évaluation comparative s'étend au domaine de l'aviation, où les progrès novateurs de la technologie aéronautique ont influencé de manière significative la trajectoire de la guerre aérienne. Des emblématiques Messerschmitt et Focke-Wulf de la Luftwaffe aux redoutables P-51 Mustang américains et Spitfire britanniques, la nature compétitive des avancées technologiques dans les combats aériens a illustré les prouesses de l'ingénierie des deux côtés de la ligne de démarcation en temps de guerre.

Dans le domaine de l'armement, l'analyse comparative dévoile les développements sophistiqués qui ont marqué l'évolution des armements et des munitions. Elle élucide les implications stratégiques des progrès réalisés dans la conception des armes à feu, l'artillerie et la production de munitions, en soulignant le rôle essentiel joué par l'ingéniosité des ingénieurs dans le remodelage de la dynamique du champ de bataille et l'influence sur les doctrines tactiques adoptées par les stratèges militaires.

L'infrastructure stratégique, une facette souvent négligée de l'ingénierie en temps de guerre, apparaît comme un domaine crucial pour l'étude comparative. La construction d'autoroutes, de ponts et de fortifications témoigne des prouesses techniques qui ont sous-tendu les opérations logistiques et les mesures défensives, influençant ainsi la manœuvrabilité et la résistance des forces de l'Axe et des Alliés sur les différents théâtres de conflit. En fin de compte, l'analyse comparative complète sert de lentille inestimable pour discerner les impacts technologiques profonds qui ont sous-tendu les résultats de la Seconde Guerre mondiale, soulignant l'influence considérable des merveilles de l'ingénierie sur le cours de l'histoire.

Impacts technologiques sur les résultats de la Seconde Guerre mondiale

Les progrès technologiques réalisés au cours de la Seconde Guerre mondiale ont joué un rôle essentiel dans l'évolution des résultats de la guerre. Cette progression s'est étendue à divers domaines, notamment l'armement, la communication, le transport et la logistique. L'évolution rapide de la technologie militaire a influencé de manière significative les stratégies et les tactiques employées par les puissances alliées et de l'Axe, ce qui a finalement eu un impact sur la direction et la résolution de nombreux engagements. Le développement et le déploiement de systèmes d'armes et d'équipements supérieurs ont souvent conféré des avantages significatifs aux forces belligérantes, influençant grandement la trajectoire du conflit.

L'un des impacts les plus notables de la technologie sur les résultats de la Seconde Guerre mondiale est évident dans le domaine de la guerre aérienne. L'avènement des bombardiers à long rayon d'action et des avions de chasse perfectionnés a permis d'atteindre une portée et une précision sans précédent dans la conduite des missions aériennes. Ces capacités ont remodelé le paysage de la guerre, modifiant la dynamique des campagnes de bombardement stratégique et des batailles de supériorité aérienne.

Les progrès de la technologie radar ont apporté des avantages tactiques cruciaux et ont considérablement amélioré la connaissance de la situation, modifiant ainsi l'équilibre des forces dans les affrontements aériens. En outre, la guerre navale a connu un changement de paradigme grâce à des innovations technologiques telles que les systèmes sonar, les péniches de débarquement amphibies et l'amélioration de l'artillerie navale. La mise en œuvre de ces avancées a transformé les opérations navales, affectant les routes commerciales maritimes et ayant un impact fondamental sur l'efficacité des blocus et des engagements navals.

Les progrès de la guerre sous-marine et de la protection des convois ont eu des répercussions considérables, influençant le contrôle des voies maritimes vitales et perturbant les lignes de ravitaillement ennemies. L'importance des développements technologiques s'est également manifestée sur le terrain, où les véhicules blindés, l'artillerie et les armes d'infanterie ont connu des avancées substantielles. La guerre mécanisée, caractérisée par l'intégration de chars, de véhicules blindés et d'artillerie mobile, a modifié la portée et l'ampleur des engagements terrestres. La mécanisation de la guerre a facilité les manœuvres rapides et redéfini la dynamique des opérations offensives et défensives, influençant de manière significative l'issue des batailles et des campagnes décisives.

En somme, les impacts technologiques de la Seconde Guerre mondiale se sont répercutés sur l'ensemble du théâtre mondial, exerçant des effets profonds sur les stratégies, les tactiques et les résultats finaux du conflit. L'utilisation d'armes, de systèmes de communication et d'infrastructures logistiques de pointe a remodelé le champ de bataille, transformant la nature de la guerre et influençant de manière significative le cours de l'histoire. La compréhension des impacts technologiques à multiples facettes permet de mieux comprendre les complexités de la guerre et souligne l'héritage durable de l'innovation et du progrès dans le contexte tumultueux d'un conflit mondial.

Transition vers l'utilisation des technologies de l'après-guerre

À la fin de la Seconde Guerre mondiale, le monde a été témoin d'un changement de paradigme dans l'innovation et l'utilisation des technologies. La guerre a servi de catalyseur pour des avancées rapides dans divers domaines, modifiant fondamentalement le paysage de l'industrie mondiale et ouvrant une ère de progrès et de développement sans précédent. Alors que les nations cherchaient à se reconstruire et à se restructurer au lendemain du conflit, l'intégration des technologies de guerre dans les secteurs civils et commerciaux est devenue un point central pour les économies d'après-guerre. La transition vers l'utilisation des technologies d'après-guerre a été marquée par un afflux de talents scientifiques et techniques qui avaient joué un rôle déterminant dans les innovations militaires pendant la guerre. Ces experts ont apporté avec eux une mine de connaissances et d'expériences, prêts à réorienter leurs compétences vers des applications en temps de paix. Cette période a été marquée par un essor des activités de recherche et de développement, les industries s'étant détournées de la production de guerre pour se concentrer sur la création de biens de consommation et d'infrastructures susceptibles de soutenir une économie mondiale en plein essor.

L'un des aspects les plus remarquables de la transition d'après-guerre a été la conversion des technologies militaires à des fins civiles. Des innovations telles que les radars, les moteurs à réaction et les matériaux avancés ont trouvé de nouvelles applications dans l'aviation, les télécommunications et les processus de fabrication. L'exploitation de l'énergie nucléaire, qui avait été un élément central de la guerre, promettait désormais d'innombrables possibilités en matière de production d'énergie et d'exploration scientifique. Ces exemples illustrent l'impact multiforme des technologies de guerre, qui ont imprégné tous les aspects de la société d'après-guerre.

Les retombées de la recherche et des investissements militaires ont catalysé la naissance d'industries entièrement nouvelles. Le secteur aérospatial a connu un essor sans précédent, stimulé par l'accumulation des connaissances et des capacités développées pendant la guerre. De même, les progrès de l'informatique et de l'électronique, auparavant concentrés dans les établissements militaires, ont rapidement trouvé leur place sur les marchés commerciaux, jetant les bases de la révolution numérique qui allait suivre au cours des décennies suivantes. Le processus de transition vers l'utilisation des technologies d'après-guerre n'a pas été sans difficultés. La reconversion des installations existantes, le recyclage du personnel et le réalignement des chaînes d'approvisionnement ont constitué de formidables obstacles à surmonter.

Les implications éthiques de l'intégration des technologies de guerre dans des contextes civils ont nécessité un examen approfondi, en particulier en ce qui concerne la gestion et la réglementation responsables de progrès potentiellement perturbateurs. Rétrospectivement, la période d'après-guerre témoigne de la résistance et de l'adaptabilité de l'ingéniosité humaine. L'intégration réussie des technologies de guerre à des fins pacifiques et productives a constitué un héritage durable d'innovation, façonnant la trajectoire du progrès technologique et établissant un schéma directeur pour l'exploitation constructive des avancées scientifiques au service de l'humanité.

6

La propulsion par réaction

Redéfinir la guerre et l'aviation

La propulsion par réaction

La propulsion par réaction est une méthode révolutionnaire qui permet de propulser des avions et d'autres machines en expulsant des flux de gaz ou de liquide à grande vitesse. Cette technologie révolutionnaire repose sur le principe fondamental de la troisième loi du mouvement de Newton, qui stipule que toute action entraîne une réaction égale et opposée. Dans le contexte des moteurs à réaction, cela se traduit par le mouvement vers l'avant d'un avion grâce à la force réactive produite par l'expulsion des gaz d'échappement à grande vitesse dans la direction opposée. La mécanique de la propulsion par réaction implique l'admission d'air, la compression de l'air, son mélange avec le carburant, l'allumage, puis l'expulsion, créant ainsi un cycle continu de génération de poussée. Contrairement aux systèmes traditionnels à hélice, la propulsion par réaction exploite plus efficacement l'énergie potentielle du carburant pour produire une puissance et une vitesse immenses. La fonctionnalité de la propulsion par réaction est ancrée dans la thermodynamique et la conversion efficace de l'énergie chimique en énergie cinétique. Ce processus implique une combustion minutieuse du carburant dans le moteur, ce qui provoque une augmentation rapide de la température et de la pression, conduisant à l'expulsion de gaz d'échappement à grande vitesse. Il est essentiel de comprendre l'interaction complexe entre le flux d'air, la combustion et la dynamique des gaz d'échappement pour comprendre le fonctionnement sans faille de la propulsion par réaction.

L'évolution de la propulsion par réaction a continuellement repoussé les limites de l'ingénierie et de l'aérodynamique, ce qui a permis des avancées inégalées dans l'industrie aéronautique et au-delà. Grâce à la maîtrise de ces principes, la propulsion par réaction a redéfini les possibilités de vol et influencé une myriade d'industries, allant de l'armée et des transports à l'exploration spatiale et au-delà.

Contexte historique : L'émergence des moteurs à réaction

Le développement des moteurs à réaction représente un moment charnière dans l'histoire de l'aviation et de la guerre, car il a révolutionné la façon dont nous comprenons et exploitons la propulsion. Le concept de la propulsion par réaction remonte au début du XXe siècle, lorsque les pionniers et les ingénieurs de l'aviation ont activement exploré des alternatives aux avions traditionnels à hélice. Toutefois, ce n'est qu'à la veille de la Seconde Guerre mondiale que des progrès significatifs ont été réalisés pour transformer l'idée théorique de la propulsion par réaction en une réalité tangible.

En fait, c'est à cette époque que des ingénieurs allemands et britanniques ont fait des progrès considérables dans le développement de la technologie de la propulsion à réaction. C'est notamment à l'ingénieur allemand Hans von Ohain et à l'ingénieur britannique Frank Whittle que l'on doit la conception de moteurs à réaction viables au cours de cette période. Leur travail de pionnier a jeté les bases de l'avenir de l'aviation et de la technologie militaire, catapultant le monde dans une nouvelle ère de puissance aérienne.

Au fil de la guerre, l'Allemagne et les forces alliées ont reconnu les implications stratégiques des moteurs à réaction. L'émergence d'avions à réaction, tels que le Messerschmitt Me 262 allemand et le Gloster Meteor britannique, a démontré l'impact profond de cette technologie sur les combats aériens. Cette évolution de la technologie de propulsion a non seulement redéfini les capacités et les limites des avions, mais a également influencé l'issue d'engagements cruciaux au cours de la guerre. Le développement et le déploiement rapides de ces avions de pointe ont marqué un tournant dans l'évolution de l'aviation et de la guerre, ouvrant la voie à la domination de la propulsion à réaction après la guerre. Le contexte historique entourant l'émergence des moteurs à réaction ne reflète pas seulement une course aux armements technologiques, mais souligne également le pouvoir de transformation de l'innovation dans le façonnement de la trajectoire des conflits mondiaux et de l'avenir du vol.

Percées technologiques et innovations

Après l'apparition historique des moteurs à réaction, le domaine de l'ingénierie aéronautique a connu une transformation radicale marquée par des percées et des innovations technologiques sans précédent :

Alors que la Seconde Guerre mondiale faisait rage, l'urgence de propulser les capacités militaires a entraîné de profondes avancées dans la technologie de la propulsion à réaction, modifiant à jamais le cours de la guerre et de l'aviation. Les pionniers de cette époque extraordinaire ont cherché sans relâche des solutions aux formidables défis posés par l'exploitation de la puissance des moteurs à réaction à des fins pratiques. L'une de ces innovations révolutionnaires a été la mise au point de compresseurs à flux axial, qui ont considérablement amélioré les performances des moteurs, permettant d'obtenir une poussée plus élevée et une consommation de carburant plus efficace. Cette avancée a non seulement révolutionné la propulsion des avions, mais a également jeté les bases des progrès ultérieurs dans la technologie des turbines à gaz. l'introduction de nouveaux matériaux et de nouvelles techniques de fabrication a facilité la construction de composants de moteur robustes et légers, garantissant une fiabilité et une endurance opérationnelle inégalées. Les cellules remodelées des avions à réaction ont été soigneusement conçues pour résister aux forces intenses générées par les vols à grande vitesse, définissant une nouvelle ère de conception aérodynamique.

L'intégration de systèmes électroniques avancés, tels que des technologies améliorées d'instrumentation et de radar, a renforcé les capacités de navigation et de combat des avions à réaction. Les innovations en matière de systèmes de propulsion, notamment les postcombustions et les tuyères à surface variable, ont encore amplifié la vitesse et l'agilité des plates-formes à réaction, améliorant leur polyvalence stratégique dans les scénarios de combat.

L'affinement de la conception des entrées d'air aérodynamiques a permis d'améliorer l'efficacité des moteurs dans une large gamme d'altitudes et de vitesses, annonçant un changement de paradigme dans l'enveloppe des performances des aéronefs militaires. Ces percées et innovations technologiques remarquables ont non seulement redéfini les paramètres de l'aviation, mais aussi remodelé la trajectoire des opérations militaires, jetant les bases d'une ère de capacités aériennes et de domination stratégique sans précédent.

Mise en œuvre stratégique au cours de la Seconde Guerre mondiale

Au cours de la Seconde Guerre mondiale, la mise en œuvre stratégique de la technologie de la propulsion par réaction a joué un rôle essentiel dans le remodelage de la dynamique de la guerre aérienne. L'introduction d'avions à réaction offrait des avantages considérables, notamment des vitesses plus élevées et des performances plus efficaces à haute altitude, ce qui a révolutionné les tactiques et les capacités des combats aériens. Le déploiement par l'Allemagne d'avions à réaction, tels que le Messerschmitt Me 262, a fondamentalement modifié le paysage de la guerre aérienne, constituant une menace redoutable pour les forces alliées. Qu'il s'agisse d'intercepter les bombardiers ennemis ou de s'engager dans des combats tournants, ces avions novateurs ont posé de nouveaux défis aux Alliés, qui ont dû les contrer efficacement. L'impact de la propulsion à réaction s'est étendu au-delà des combats aériens, les missions de reconnaissance et d'attaque au sol bénéficiant de la vitesse et de la maniabilité accrues des avions à réaction.

L'impact psychologique de la rencontre avec ces avions de pointe sur le champ de bataille ne peut être sous-estimé, car il suscite l'inquiétude et l'incertitude chez les pilotes et le personnel au sol alliés. Sur le front de l'Est, l'Union soviétique a également reconnu l'importance stratégique de la propulsion à réaction et a commencé à développer ses propres chasseurs à réaction en réponse aux avancées allemandes. À mesure que la guerre progressait, les États-Unis et leurs alliés ont intensifié leurs efforts pour comprendre et exploiter la technologie de la propulsion par réaction, reconnaissant son potentiel de transformation pour les conflits futurs. Cette époque a marqué un tournant décisif dans l'histoire de l'aviation, jetant les bases de l'adoption généralisée d'avions militaires et commerciaux à réaction dans l'après-guerre. La mise en œuvre stratégique de la propulsion par réaction pendant la Seconde Guerre mondiale a non seulement influencé l'issue d'engagements spécifiques, mais a également préparé le terrain pour la domination de l'aviation à réaction dans les décennies qui ont suivi.

L'impact de la propulsion par réaction sur la conception des avions

L'introduction de la propulsion par réaction pendant la Seconde Guerre mondiale a marqué un changement monumental dans la conception des avions, révolutionnant les principes et les capacités de l'aviation. La propulsion par réaction a entraîné un changement de paradigme en apportant aux avions une vitesse, une altitude et une manœuvrabilité sans précédent, remodelant ainsi l'ensemble du paysage de la guerre aérienne. Le principal impact de la propulsion par réaction sur la conception des avions a été le passage des moteurs à hélice aux moteurs à réaction, ce qui a fondamentalement modifié la façon dont les avions étaient construits et exploités. Ce changement a eu de profondes répercussions sur la conception structurelle, l'aérodynamique et les performances globales. L'intégration de la propulsion à réaction a nécessité le développement de cellules avancées capables d'exploiter l'immense puissance et la vitesse générées par les moteurs à réaction. Alors que les ingénieurs étaient confrontés à de nouvelles vitesses et contraintes, les théories aérodynamiques ont été réévaluées et affinées, ce qui a conduit à l'émergence de formes d'avions plus élancées et plus profilées, optimisées pour les vols à grande vitesse.

Les contraintes thermiques accrues et les conditions d'exploitation extrêmes ont fait naître le besoin d'améliorer les matériaux et les techniques de construction, ce qui a finalement entraîné des progrès dans la fabrication des avions. Outre les aspects techniques, les concepteurs d'aéronefs ont également dû reconsidérer des facteurs tels que le rendement énergétique, l'autonomie et la capacité de charge utile afin d'exploiter pleinement les avantages de la propulsion à réaction. La transition vers les avions à réaction a donné lieu à des innovations telles que les ailes en flèche et les ailes delta, qui ont permis de relever les défis aérodynamiques posés par les vols transsoniques et supersoniques. Ces développements ont non seulement amélioré les performances, mais ont également facilité l'exploration de nouveaux régimes de vol jusqu'alors inaccessibles aux avions à hélice conventionnels.

La propulsion par réaction a catalysé l'évolution de l'avionique et des systèmes de contrôle, exigeant une plus grande sophistication des aides à la navigation, de la technologie des commandes de vol électriques et de l'instrumentation du poste de pilotage pour suivre le rythme des capacités des avions à réaction. L'impact de la propulsion par réaction s'est étendu au-delà des applications militaires, influençant l'aviation civile et jetant les bases d'une nouvelle ère de transport aérien commercial.

L'adoption de la propulsion à réaction dans les avions de ligne a permis d'accélérer les temps de voyage, d'étendre la connectivité mondiale et d'améliorer le confort des passagers.

La demande de moteurs plus efficaces et plus fiables a entraîné des améliorations constantes des systèmes de propulsion et des technologies des moteurs, renforçant encore la sécurité et l'économie du transport aérien. En fait, la propulsion par réaction a marqué un tournant dans l'histoire de la conception des avions, catalysant une vague d'innovations qui a propulsé l'aviation dans l'ère moderne et qui continue de façonner la trajectoire de l'ingénierie aérospatiale.

Analyse comparative : Technologies des jets de l'axe et des alliés

Avec l'émergence de la propulsion à réaction pendant la Seconde Guerre mondiale, les puissances de l'Axe et les puissances alliées se sont lancées dans des développements révolutionnaires en matière de technologie aéronautique. Cette époque a vu naître des technologies révolutionnaires qui allaient modifier le cours de l'histoire de l'aviation. Une analyse comparative des technologies à réaction mises en œuvre par les forces de l'Axe et les forces alliées révèle des approches distinctes et leur impact respectif sur la trajectoire de la guerre et de l'aviation. Les puissances de l'Axe, principalement l'Allemagne, ont été le fer de lance du déploiement d'avions à réaction avancés tels que le Messerschmitt Me 262, le premier avion de combat à réaction opérationnel au monde. Les prouesses de l'ingénierie allemande en matière de propulsion à réaction ont représenté un bond en avant significatif dans les capacités de l'aviation.

D'autre part, les forces alliées, en particulier les États-Unis et la Grande-Bretagne, ont poursuivi avec ferveur leur propre développement des technologies à réaction, avec des réalisations notables telles que le Gloster Meteor et le travail de pionnier du moteur Whittle. Les stratégies différentes des puissances de l'Axe et des Alliés en matière de propulsion par réaction ont eu des répercussions considérables sur la conduite de la guerre aérienne.

Ici, nous examinons les nuances techniques, les décisions stratégiques et l'importance opérationnelle des technologies de l'Axe et des Alliés dans le domaine de la propulsion à réaction. En disséquant les principes de conception, les performances et les applications au combat de ces avancées respectives, cette analyse comparative vise à mettre en lumière les contributions uniques et les héritages durables des technologies des avions à réaction de l'Axe et des Alliés.

L'examen des défis logistiques et industriels auxquels les deux camps ont dû faire face met en lumière les différentes trajectoires du progrès technologique et de l'utilisation en temps de guerre. Dans ce contexte, nous étudions comment la doctrine opérationnelle, l'allocation des ressources et les échanges technologiques ont influencé l'évolution des technologies des avions à réaction dans les deux camps. Cette comparaison exhaustive souligne le rôle central de la propulsion à réaction dans la redéfinition de la dynamique de la guerre aérienne et dans le façonnement de l'avenir de l'aviation. L'examen méticuleux des technologies des avions à réaction de l'Axe et des Alliés met en lumière l'interaction complexe entre l'innovation, la capacité industrielle et les impératifs stratégiques. Une telle analyse comparative enrichit non seulement notre compréhension du développement historique de la propulsion à réaction, mais offre également de précieuses indications sur l'héritage durable et l'évolution continue des technologies aéronautiques avancées.

Défis opérationnels et solutions

Avec l'avènement de la propulsion à réaction, les puissances militaires ont été confrontées à une myriade de défis opérationnels lors de l'intégration de cette technologie révolutionnaire dans leurs arsenaux. Les capacités d'accélération rapide et d'élévation de l'altitude des avions à réaction ont donné lieu à de nouvelles considérations tactiques, notamment en ce qui concerne la consommation de carburant, la fiabilité des moteurs et les exigences en matière de maintenance. Le fonctionnement des moteurs à réaction a posé des problèmes techniques importants, tels que la gestion des températures élevées, les effets de compressibilité et la conception des turbines.

Le passage des avions à pistons aux avions à réaction a nécessité une formation approfondie des pilotes et du personnel au sol afin qu'ils s'adaptent aux caractéristiques de vol distinctes et aux exigences en matière de maintenance. la disponibilité limitée de matières premières adaptées à la fabrication de moteurs à réaction avancés a accentué les défis logistiques en temps de guerre. Pour surmonter ces obstacles considérables, les ingénieurs et les spécialistes de l'aviation ont cherché sans relâche des solutions innovantes. Ils ont mis au point de nouveaux mécanismes et matériaux de refroidissement pour résister aux températures extrêmes, optimisé les systèmes d'alimentation en carburant pour améliorer l'efficacité et affiné les conceptions aérodynamiques pour maximiser les performances. Cette période de résolution intensive des problèmes a débouché sur des avancées décisives qui ont façonné l'évolution de la propulsion à réaction. Les efforts de collaboration entre les nations alliées ont conduit à la normalisation des types de carburéacteur et ont facilité la mise en place de réseaux mondiaux de maintenance et d'approvisionnement, offrant un soutien opérationnel durable.

La mise en place de programmes de formation et de manuels spécialisés a permis au personnel d'acquérir l'expertise nécessaire pour exploiter et entretenir efficacement les aéronefs à réaction. Ces ajustements stratégiques ont permis de renforcer la préparation opérationnelle et de rationaliser l'intégration des avions à réaction dans les missions de combat. Après la guerre, l'expérience acquise en surmontant ces défis a permis d'améliorer sans cesse la technologie des moteurs à réaction et a ouvert la voie à des applications civiles. L'expansion rapide du transport aérien commercial a vu l'adaptation réussie de la propulsion à réaction pour les avions de passagers, révolutionnant ainsi le transport mondial. Les défis opérationnels multiformes rencontrés lors de l'adoption précoce de la propulsion par réaction ont non seulement accéléré les innovations technologiques, mais ont également mis en évidence l'esprit de résistance et l'ingéniosité de l'intellect humain.

Héritage et évolution après la guerre

Après la fin de la Seconde Guerre mondiale, l'héritage de

la technologie de la propulsion par réaction s'est répercuté dans tous les pays, laissant une marque indélébile sur la trajectoire de l'aviation et de la guerre. La fin de la guerre a marqué un changement de paradigme dans l'utilisation des moteurs à réaction, les pays cherchant à exploiter cette technologie révolutionnaire à des fins civiles et pour leur suprématie militaire. Ici, nous nous penchons sur l'impact durable et l'évolution de la propulsion à réaction après la guerre, et met en lumière l'influence transformatrice qu'elle a exercée sur l'aéronautique mondiale. Le spectre du conflit s'estompant, le potentiel remarquable de la propulsion à réaction a été dévoilé dans la sphère commerciale, ouvrant la voie à une nouvelle ère du transport aérien. Alors que les compagnies aériennes capitalisent sur la vitesse et l'efficacité supérieures offertes par les moteurs à réaction, une vague d'innovation déferle sur l'industrie, propulsant la conception et les performances des avions à des niveaux sans précédent. L'intégration de la propulsion à réaction a révolutionné l'aviation commerciale, inaugurant une ère de voyages supersoniques et de connectivité mondiale élargie. Dans le même temps, les forces militaires ont continué à affiner et à faire progresser la technologie de la propulsion par réaction, ce qui a conduit à la prolifération d'avions de pointe capables d'exécuter des missions stratégiques avec une précision et une vitesse inégalées. L'après-guerre a vu la convergence des applications civiles et militaires de la propulsion par réaction, donnant lieu à des percées multiformes qui ont transcendé les frontières traditionnelles.

L'évolution rapide de la propulsion par réaction a stimulé les efforts de collaboration entre les gouvernements, les ingénieurs aérospatiaux et les fabricants, favorisant un climat d'innovation et de concurrence qui a accéléré les progrès technologiques. Cette phase de développement rapide a jeté les bases des avancées prolifiques en matière d'aviation et de systèmes de propulsion qui définissent l'ingénierie aérospatiale contemporaine. Au-delà de son impact immédiat, l'héritage de la propulsion à réaction après la Seconde Guerre mondiale souligne l'importance durable de l'adaptation technologique et de l'ingéniosité dans le façonnement du cours de l'histoire moderne. L'évolution continue des moteurs à réaction témoigne de l'innovation et de la résilience humaines, rappelant de manière poignante les profondes transformations qui peuvent émerger des conflits et de l'adversité.

La transition vers l'aviation commerciale

À la fin de la Seconde Guerre mondiale, l'industrie aéronautique a connu un changement monumental en passant des applications militaires aux activités commerciales. L'évolution rapide de la propulsion à réaction pendant la guerre a ouvert de nouvelles possibilités pour l'aviation civile et a inauguré une vague d'innovation qui allait redéfinir le transport aérien. Cette transition cruciale a non seulement façonné la trajectoire de l'aviation commerciale, mais elle a également révolutionné la connectivité et les transports à l'échelle mondiale. Les avions de guerre excédentaires ayant été réaffectés à un usage civil, la demande de transports aériens efficaces et fiables a explosé. La période d'après-guerre a été marquée par un afflux de progrès dans la conception des avions, les processus de fabrication et les techniques d'exploitation afin de répondre à la demande croissante de transport aérien commercial. Les compagnies aériennes ont adopté le potentiel des avions à réaction, reconnaissant leur capacité à offrir une vitesse, un rayon d'action et un confort sans précédent aux passagers. Cela a conduit à l'introduction d'avions de ligne emblématiques tels que le Boeing 707 et le Douglas DC-8, marquant une rupture significative avec l'ère des avions à hélice.

La transition vers l'aviation commerciale a fait naître de nouvelles considérations en matière de sécurité, d'infrastructure et de cadres réglementaires. La nécessité de normaliser les systèmes de contrôle du trafic aérien, les installations aéroportuaires et les réglementations internationales est devenue de plus en plus impérative à mesure que les compagnies aériennes commerciales étendaient leurs itinéraires à travers les continents. Les gouvernements et les acteurs du secteur ont collaboré pour établir des lignes directrices et des protocoles qui garantiraient la sécurité et l'efficacité du transport aérien commercial.

À mesure que l'attrait des voyages aériens grandissait auprès du public, l'émergence de l'aviation commerciale a non seulement démocratisé l'accès à des destinations lointaines, mais a également stimulé la croissance économique et les échanges culturels à l'échelle mondiale. L'introduction des vols transatlantiques et transpacifiques a permis de réduire les temps de trajet et de redéfinir le concept de voyage longue distance, ce qui a eu un impact profond sur le tourisme, le commerce et les relations interpersonnelles. Essentiellement, la transition vers l'aviation commerciale a propulsé le monde dans une nouvelle ère d'interconnexion, d'accessibilité et de mobilité. La fusion des avancées technologiques, de la dynamique du marché et des aspirations sociétales a ouvert la voie à un changement transformateur dans la manière dont les gens perçoivent, expérimentent et utilisent le transport aérien. Ce changement de paradigme continue de résonner aujourd'hui, façonnant le paysage contemporain de l'aviation commerciale et témoignant de l'héritage durable de la propulsion à réaction en temps de guerre.

Perspectives d'avenir : Les technologies de jet de la prochaine génération

À l'aube de l'avenir, le monde de l'aviation est sur le point de connaître des avancées remarquables dans le domaine des technologies de propulsion à réaction. L'avènement des systèmes de propulsion à réaction de la prochaine génération promet de révolutionner le transport aérien, les opérations militaires et l'ingénierie aérospatiale dans son ensemble. Grâce à la recherche et au développement continus, il existe une trajectoire claire vers des moteurs à réaction plus efficaces, plus respectueux de l'environnement et plus performants. L'une des percées les plus importantes se situe dans le domaine des vols supersoniques et hypersoniques. Les ingénieurs et les scientifiques sont à la pointe du développement de systèmes de propulsion innovants capables de dépasser la vitesse du son avec une sécurité et une efficacité accrues. En exploitant des matériaux avancés et des principes de conception de pointe, la prochaine génération de jets supersoniques et hypersoniques vise à redéfinir le transport aérien mondial, en offrant une vitesse et une connectivité sans précédent.

L'intégration des technologies de propulsion électrique et de moteurs hybrides représente une autre avancée décisive dans le paysage de l'aviation. Ces systèmes de propulsion futuristes sont sur le point d'atténuer l'impact environnemental du transport aérien en réduisant les émissions et la pollution sonore. Des avions tout électriques aux jets hybrides, la convergence du développement durable et de l'aviation est à l'origine de l'évolution des technologies des jets de nouvelle génération. Ce changement transformateur s'aligne non seulement sur les initiatives mondiales en matière de développement durable, mais ouvre également une nouvelle ère de transport aérien écologique et économiquement viable.

L'intelligence artificielle (IA) et les systèmes autonomes sont appelés à jouer un rôle important dans l'avenir des technologies des avions à réaction. Des systèmes de commande de vol pilotés par l'IA et des algorithmes d'optimisation autonomes sont en cours de développement pour améliorer les performances, la sécurité et l'efficacité opérationnelle des aéronefs. Grâce à l'intégration transparente de l'IA, les jets de la prochaine génération devraient offrir des niveaux inégalés de fiabilité, de réactivité adaptative et de capacités d'autodiagnostic avancées, ce qui élèvera les normes de sécurité et d'excellence opérationnelle dans l'industrie aéronautique. Outre ces avancées, la convergence des techniques de fabrication additive et d'impression 3D favorise un changement de paradigme dans la production de composants de moteurs à réaction.

Ce changement promet des conceptions complexes, une réduction des déchets de matériaux et une amélioration de l'intégrité structurelle, propulsant ainsi le développement de moteurs à réaction plus légers et plus durables. L'application de ces méthodologies de fabrication de pointe devrait accélérer les processus de production et favoriser une plus grande flexibilité dans la personnalisation des systèmes de propulsion à réaction en fonction des exigences de performance spécifiques.

En somme, l'avenir de la propulsion par réaction est extrêmement prometteur, grâce à la convergence de technologies révolutionnaires et d'innovations visionnaires. Alors que les frontières de l'aviation continuent de se repousser, les technologies de jet de la prochaine génération sont prêtes à ouvrir une ère de vitesse, de durabilité et de sécurité sans précédent. À chaque pas en avant, les passionnés d'aviation, les ingénieurs et les dirigeants de l'industrie attendent l'aube d'une nouvelle ère, un avenir où le ciel sera synonyme de progrès, de potentiel et de possibilités inégalées.

7

La poursuite des Alliés

Objectifs stratégiques et mouvements initiaux

Les premières étapes de la poursuite alliée ont été marquées par un examen méticuleux des objectifs géopolitiques et des stratégies militaires, visant à modifier de manière décisive le cours de la guerre. Le principal objectif stratégique était de démanteler la puissance militaire des puissances de l'Axe, en particulier de l'Allemagne nazie, et d'assurer une position avantageuse aux Alliés. Pour ce faire, il fallait mener des offensives coordonnées sur plusieurs fronts, en mettant l'accent sur la suprématie aérienne, les assauts amphibies et les invasions terrestres. Le mouvement initial a impliqué la mise en œuvre de l'opération Overlord, la plus grande invasion maritime de l'histoire, qui visait à prendre pied en Normandie et à fournir une rampe de lancement pour la libération de l'Europe de l'Ouest.

Parallèlement, les opérations menées sur le théâtre du Pacifique visent à repousser les forces japonaises et à reprendre le contrôle de territoires stratégiques. Ces mouvements simultanés soulignent l'ampleur mondiale et la complexité de la poursuite alliée, qui exige une coordination précise et une détermination sans faille. Le recours à diverses tactiques militaires, notamment les bombardements aériens, les opérations clandestines et les combats d'infanterie, a mis en évidence l'approche globale adoptée pour atteindre les objectifs stratégiques primordiaux. Au fur et à mesure du déroulement du conflit, l'adaptation des stratégies en fonction de l'évolution des circonstances et des informations fournies par les services de renseignement a joué un rôle essentiel dans la trajectoire de la poursuite alliée. L'interaction complexe entre le commandement militaire, la planification stratégique et l'exécution opérationnelle a considérablement influencé l'issue des principales batailles et campagnes. La capacité à exploiter les progrès technologiques, tels que les radars et les technologies de cryptage, a notamment permis d'accroître l'efficacité de la poursuite alliée. Les multiples facettes des objectifs stratégiques et des mouvements initiaux témoignent de la gravité de la poursuite alliée et de la volonté unifiée de modifier le cours de l'histoire.

Personnages clés à la tête des efforts des Alliés

Afin de contrecarrer les formidables avancées technologiques des puissances de l'Axe, des personnalités clés ont joué un rôle déterminant dans la coordination des efforts des Alliés. Ces personnes ont fait preuve d'une détermination inébranlable, d'un sens aigu de la stratégie et d'une profonde compréhension des enjeux de la course à la technologie avancée et à son exploitation pour le bien de tous. Parmi ces personnalités influentes, le général Leslie Groves a joué un rôle essentiel dans la supervision du projet Manhattan, en dirigeant l'effort scientifique et industriel qui a abouti à la fabrication des premières bombes atomiques. Son leadership résolu et ses compétences en matière de gestion ont été essentiels pour naviguer dans les complexités de cette entreprise ambitieuse, propulsant les puissances alliées vers un avantage technologique significatif. Parallèlement, le tenace Winston Churchill, avec sa rhétorique retentissante et sa connaissance approfondie des affaires internationales, a apporté un soutien et une direction inébranlables, ralliant l'esprit de coopération entre les Alliés.

La vision novatrice et la détermination du scientifique Vannevar Bush, qui a dirigé le Bureau de la recherche scientifique et du développement, ont permis des avancées cruciales dans la technologie des radars, la recherche scientifique et la médecine militaire, renforçant ainsi l'arsenal des Alliés. En complément des dirigeants susmentionnés, l'amiral William D. Leahy, chef d'état-major du président, a exercé une formidable influence en favorisant la cohésion et la synchronisation entre les différentes branches de l'armée américaine, jetant ainsi les bases d'une collaboration efficace.

Le leadership avisé de Sir Henry Tizard, brillant scientifique et conseiller du gouvernement britannique, a joué un rôle essentiel en facilitant l'échange de connaissances technologiques et en encourageant l'innovation au-delà des frontières. Ces personnalités, parmi d'autres, ont fait preuve d'une clairvoyance et d'une détermination remarquables et ont su naviguer sur le site dans l'écheveau complexe des domaines scientifiques, politiques et militaires, façonnant ainsi de manière significative le cours de l'histoire grâce à leur leadership dans la poursuite de la supériorité technologique.

Coordination entre les puissances alliées

Au cours des années tumultueuses de la Seconde Guerre mondiale, la coordination entre les puissances alliées a été un facteur essentiel pour déterminer l'issue du conflit. La collaboration efficace entre des nations telles que les États-Unis, le Royaume-Uni, l'Union soviétique et d'autres forces alliées a joué un rôle essentiel dans l'élaboration des stratégies militaires, des opérations de renseignement et des avancées technologiques. Cette collaboration a nécessité un équilibre délicat entre les négociations diplomatiques, la planification militaire et l'allocation des ressources afin de constituer un front unifié contre les puissances de l'Axe.

L'organisation de conférences de haut niveau, telles que la conférence de Téhéran, la conférence de Yalta et la conférence de Potsdam, a permis aux dirigeants des puissances alliées de discuter et de coordonner leurs stratégies militaires et politiques. Ces réunions ont permis à des personnalités influentes telles que Winston Churchill, Franklin D. Roosevelt et Joseph Staline d'aligner leurs objectifs et de déterminer l'orientation de l'effort de guerre. Ces conférences ont permis de conclure des accords sur les zones d'occupation d'après-guerre, les procès pour crimes de guerre et la formation d'organisations internationales, ouvrant ainsi la voie à la stabilité et à la coopération d'après-guerre.

Outre les efforts diplomatiques, la coordination militaire entre les forces alliées impliquait une planification complexe, des opérations conjointes et l'échange de renseignements cruciaux. L'intégration des commandements militaires, tels que les chefs d'état-major combinés, a facilité la synchronisation des campagnes militaires et la mise en commun des ressources en vue d'objectifs communs. L'exécution réussie d'opérations de grande envergure, notamment le débarquement en Normandie et les offensives sur le front de l'Est, a illustré l'efficacité des efforts militaires coordonnés pour remporter des victoires significatives sur les puissances de l'Axe.

Il est important de reconnaître les contributions des agences de renseignement alliées qui ont favorisé la coordination par la collecte, l'analyse et la diffusion d'informations vitales. L'échange de renseignements entre des organisations telles que l'Office of Strategic Services (OSS), le Secret Intelligence Service (SIS) britannique et le Main Intelligence Directorate (GRU) soviétique a joué un rôle crucial en fournissant aux décideurs des informations et des évaluations exploitables sur les capacités et les intentions de l'ennemi. En fin de compte, la coordination entre les puissances alliées a illustré la force de l'unité face à l'adversité. En alignant leurs efforts politiques, militaires et de renseignement, les nations alliées ont efficacement tiré parti de leur puissance collective pour relever les défis posés par les puissances de l'Axe.

Opérations de collecte de renseignements

Au cours de la Seconde Guerre mondiale, les opérations de collecte de renseignements ont joué un rôle essentiel dans la poursuite par les Alliés de la technologie et des avancées scientifiques nazies. La quête incessante d'informations précieuses a nécessité des stratégies sophistiquées et secrètes, souvent menées par des unités et des agents spécialisés sur différents théâtres de guerre. L'un des aspects notables de ces opérations était le recours au renseignement humain (HUMINT) et au renseignement technique (TECHINT), chacun servant des objectifs distincts mais complémentaires. Les opérations HUMINT impliquaient des agents qualifiés infiltrant le territoire ennemi, cultivant des informateurs et exécutant des missions de reconnaissance risquées afin d'acquérir une connaissance de première main des développements technologiques de l'ennemi. Ces individus audacieux ont opéré dans le plus grand secret et ont affronté de graves dangers, illustrant le courage et le dévouement qui sont au cœur des efforts de la communauté du renseignement. Leurs rapports ont fourni des informations inestimables sur les percées scientifiques, les capacités industrielles et le personnel clé de l'ennemi, constituant ainsi des éléments essentiels pour la prise de décisions stratégiques au sein de la structure de commandement alliée.

Parallèlement, les efforts de TECHINT se sont concentrés sur la capture et l'analyse des artefacts tangibles de l'innovation technologique, qu'il s'agisse d'équipements et de documents capturés, de communications interceptées ou d'installations de recherche ennemies. Des équipes spécialisées d'experts ont minutieusement examiné ces documents, en extrayant des renseignements vitaux sur la nature et l'étendue des réalisations technologiques de l'ennemi. Ces renseignements techniques ont non seulement démystifié le domaine énigmatique de l'armement avancé et des expériences scientifiques, mais ont également révélé les vulnérabilités et les limites des innovations des puissances de l'Axe. La relation symbiotique entre les opérations HUMINT et TECHINT a facilité une compréhension globale du paysage technologique de l'ennemi, permettant aux Alliés d'orienter stratégiquement leurs poursuites et de contrer les menaces potentielles posées par les avancées nazies.

La collaboration entre les services de renseignement des différentes nations alliées a favorisé une approche collective de la collecte et de la synthèse d'informations vitales, soulignant l'importance de la coopération internationale dans la poursuite d'objectifs communs. Les opérations de collecte de renseignements n'ont pas été exemptes de défis périlleux et de dilemmes éthiques. La nature clandestine de ces activités a nécessité une évaluation méticuleuse des risques, une sécurité opérationnelle et l'adhésion à des lignes directrices éthiques strictes afin de protéger la vie des agents et d'atténuer les répercussions potentielles des fuites de renseignements.

L'utilisation efficace des renseignements recueillis exigeait un équilibre délicat entre l'exploitation des innovations de l'ennemi et le respect des considérations morales et juridiques, reflétant l'interaction complexe entre la guerre, la moralité et le progrès technologique. En fin de compte, les renseignements recueillis au cours de ces opérations minutieuses ont grandement influencé la trajectoire de la guerre et les développements de l'après-guerre, façonnant le cours de l'innovation technologique et de la dynamique géopolitique dans les décennies qui ont suivi.

Rivalité technologique et innovations capturées

Au cœur de la Seconde Guerre mondiale, la rivalité technologique a atteint son paroxysme, les forces alliées cherchant activement à s'emparer des innovations nazies et à les exploiter. La course aux technologies de pointe de l'ennemi est devenue un aspect essentiel de l'effort de guerre, les deux camps rivalisant pour obtenir des percées scientifiques susceptibles de faire pencher la balance en leur faveur. Cette quête fervente d'innovations capturées s'est déroulée sur différents fronts, allant de l'espionnage industriel et des opérations clandestines aux raids audacieux et à la guerre stratégique. Les Alliés ont reconnu le potentiel que représentait l'acquisition d'armes allemandes de pointe, de conceptions aérospatiales et de découvertes scientifiques révolutionnaires pour renforcer leurs propres arsenaux et repousser les limites des capacités militaires. La concurrence acharnée pour s'emparer de ces innovations a donné lieu à une remarquable démonstration d'ingéniosité et de détermination de la part des scientifiques, des ingénieurs et des agents alliés, qui ont travaillé sans relâche pour analyser, reproduire et intégrer les technologies saisies dans leurs propres machines de guerre. Cette rivalité technologique effrénée a non seulement permis aux forces alliées de réaliser de nombreuses avancées, mais elle a également favorisé une accélération sans précédent du progrès scientifique qui s'est répercutée bien au-delà du champ de bataille. Les innovations capturées ont joué un rôle déterminant dans la trajectoire de l'innovation et du développement technologique de l'après-guerre, influençant des domaines tels que l'aviation, la fusée, la médecine et l'informatique.

L'acquisition secrète de technologies ennemies a soulevé des dilemmes moraux et éthiques complexes, suscitant une profonde introspection dans les rangs alliés quant aux implications de l'exploitation des découvertes réalisées en temps de guerre. Les débats et les décisions qui en ont résulté concernant l'utilisation des innovations capturées ont mis en évidence les lourdes responsabilités qui incombaient aux vainqueurs lorsqu'il s'agissait d'utiliser les nouvelles prouesses scientifiques à des fins tant militaires que civiles. La lutte pour la suprématie des prouesses technologiques en temps de guerre constitue un chapitre essentiel des annales de l'histoire, laissant une empreinte indélébile sur l'évolution de la science, de l'industrie et de la géopolitique mondiale.

Considérations éthiques sur la saisie technologique

La recherche et la saisie d'innovations technologiques en période de conflit soulèvent de profondes considérations éthiques qui continuent de résonner dans l'histoire. Alors que les puissances alliées s'efforçaient de prendre l'avantage sur leurs adversaires, la quête de la supériorité technologique les a placées à un carrefour moral. Le besoin pressant d'acquérir des technologies ennemies de pointe à des fins défensives et offensives a confronté les décideurs à de lourds dilemmes éthiques. Ici, nous notons l'importance du réseau complexe de considérations éthiques entourant la capture et l'utilisation des innovations ennemies. L'une des principales considérations éthiques est la question de l'appropriation par rapport au vol. La frontière entre l'acquisition justifiée et le vol pur et simple de technologies à des adversaires vaincus a fait l'objet d'un débat intense. Il a fallu trouver un équilibre délicat entre l'impératif d'accélérer le progrès technologique et la nécessité de respecter les normes éthiques de fair-play et les droits de propriété intellectuelle.

Les implications éthiques de l'exploitation des innovations capturées par l'ennemi s'étendent à l'utilisation des connaissances issues de la recherche et du développement menés dans des conditions oppressives ou inhumaines. Le dilemme potentiel de bénéficier de progrès nés de la souffrance humaine et de pratiques contraires à l'éthique constitue un formidable dilemme moral. Une autre dimension éthique concerne le traitement responsable des technologies saisies afin d'éviter tout dommage involontaire ou toute mauvaise utilisation. Il s'agit de veiller à ce que les innovations acquises soient utilisées à des fins nobles et ne perpétuent pas d'autres conflits ou injustices.

Les considérations éthiques relatives à la saisie de technologies englobent le traitement des scientifiques et des techniciens impliqués dans le développement des technologies saisies. Cela implique des questions telles que leurs droits, leur bien-être et la mesure dans laquelle leur expertise devrait être utilisée dans le cadre des efforts scientifiques de la nation qui s'empare de la technologie. Cela soulève également des questions sur la responsabilité et la poursuite de la justice pour les individus complices de recherches et de productions contraires à l'éthique en temps de guerre. Réfléchir à ces dimensions éthiques permet de rappeler la pertinence permanente des considérations éthiques dans le contexte de la guerre et du progrès technologique. En naviguant dans la complexité des saisies technologiques, les puissances alliées ont été obligées de se confronter et de se débattre avec les dimensions éthiques de leurs actions, laissant une marque indélébile sur l'intersection de la guerre, de la moralité et de l'innovation.

Principales rencontres et tournants

Alors que le conflit faisait rage, des rencontres et des tournants majeurs ont marqué des étapes importantes dans la poursuite des avancées technologiques et des victoires stratégiques. L'interception et le déchiffrage de communications ennemies cruciales, qui ont fourni des informations inestimables sur les plans et les opérations de l'adversaire, ont constitué l'un de ces moments cruciaux. Cette percée a non seulement permis aux Alliés d'anticiper et de contrer les tactiques ennemies, mais elle a également révélé l'étendue de leurs capacités technologiques, éclairant les efforts ultérieurs visant à neutraliser et à exploiter les innovations capturées.

Des rencontres notables sur le terrain ont démontré l'adaptabilité et la résilience des forces alliées face à des menaces en constante évolution, en mettant en évidence l'efficacité de la coordination du renseignement, de l'armement de pointe et de l'expertise tactique. Ces confrontations ont servi de catalyseurs pour affiner et mettre en œuvre des stratégies novatrices, permettant aux Alliés d'obtenir des moyens technologiques cruciaux et une supériorité opérationnelle.

Des tournants ont été pris grâce à des opérations marquantes qui ont perturbé les chaînes d'approvisionnement de l'ennemi, démantelé des infrastructures stratégiques et paralysé des installations de recherche et de développement clés, réduisant ainsi la production et la prolifération de technologies de pointe. Le démantèlement de ces ressources essentielles n'a pas seulement désamorcé la dynamique technologique de l'ennemi, mais a également remodelé le paysage du conflit, en créant des conditions propices au dévoilement et à l'exploitation de nouvelles percées dans les domaines de la science et de l'ingénierie. Ces rencontres majeures et ces tournants, caractérisés par des actions décisives et une prévoyance stratégique, ont redéfini la trajectoire de la poursuite des Alliés, ouvrant la voie à des avancées sans précédent et à des héritages durables dans les domaines de la guerre et de l'innovation.

Analyse des tactiques et des contre-mesures ennemies

Au lendemain de la Seconde Guerre mondiale, une analyse exhaustive des tactiques et des contre-mesures ennemies est devenue impérative pour les forces alliées. Comprendre les subtilités des tactiques et des stratégies nazies employées pendant la guerre était essentiel pour formuler des stratégies globales d'après-guerre et anticiper les futurs conflits potentiels. Cette analyse s'est penchée sur les méthodes, les technologies et les idéologies qui ont façonné les opérations militaires des puissances de l'Axe, fournissant des informations précieuses pour l'élaboration de mesures défensives et offensives par les Alliés. L'examen des tactiques ennemies a porté sur un large éventail d'aspects, notamment le déploiement des troupes, la collecte de renseignements, la propagande, les innovations technologiques et le recours à la guerre non conventionnelle. En examinant les manœuvres de l'armée allemande sur différents théâtres de guerre, tels que les fronts oriental et occidental, le Pacifique et l'Afrique, les Alliés ont acquis des connaissances essentielles sur les forces et les faiblesses des stratégies de leurs adversaires.

L'étude a porté sur la structure organisationnelle des forces de l'Axe, leurs mécanismes de commandement et de contrôle et les processus décisionnels qui ont influencé leurs déploiements tactiques. Parallèlement, l'évaluation des contre-mesures ennemies a consisté à disséquer les réponses défensives et les adaptations apportées par les puissances de l'Axe pour contrer les offensives alliées. Il s'agissait d'examiner les fortifications, les systèmes antiaériens, les technologies de cryptage et les autres mécanismes défensifs utilisés par les Allemands et leurs alliés pour contrecarrer les avancées des forces adverses. Grâce à l'évaluation détaillée de ces contre-mesures, les Alliés ont pu identifier les points faibles, évaluer l'efficacité de leurs propres armes et stratégies et recalibrer leurs approches en vue de futurs engagements militaires.

L'analyse des tactiques et des contre-mesures ennemies ne s'est pas limitée à la documentation historique. Elle comprenait également des entretiens avec le personnel ennemi capturé, l'inspection du matériel confisqué et l'exploitation des territoires capturés afin de recueillir des renseignements de première main sur les subtilités des opérations de l'Axe. Cette approche multidimensionnelle a permis de comprendre l'évolution des tactiques et des contre-mesures ennemies tout au long du conflit. L'aboutissement de cette analyse rigoureuse a joué un rôle essentiel dans l'élaboration des politiques de défense et de sécurité d'après-guerre des nations alliées. Elle a servi de base à l'élaboration de doctrines militaires, à la création d'agences de renseignement et au développement de capacités technologiques conçues pour contrer les vestiges potentiels de l'agression de l'Axe et pour atténuer les nouvelles menaces qui se dessinent dans le paysage international. Les enseignements tirés de l'analyse perspicace des tactiques et des contre-mesures ennemies ont contribué à façonner la dynamique géopolitique mondiale et à jeter les bases des stratégies de guerre modernes.

Impact sur les stratégies d'après-guerre

Après la période tumultueuse de la Seconde Guerre mondiale, l'impact sur les stratégies d'après-guerre a été profond et d'une grande portée. Les progrès technologiques et les efforts de collecte de renseignements déployés pendant la guerre ont nécessité une réévaluation de la dynamique du pouvoir mondial et des stratégies militaires. L'un des principaux impacts sur les stratégies d'après-guerre a été l'intégration des technologies ennemies capturées dans les arsenaux et les programmes de recherche des puissances alliées victorieuses. Les Alliés ont reconnu le rôle essentiel joué par la supériorité technologique dans l'obtention de la victoire. Ils ont alors cherché à tirer parti de ces avancées pour conserver un avantage concurrentiel dans l'après-guerre. L'adoption des technologies de pointe des adversaires vaincus a fondamentalement remodelé les doctrines militaires et la planification de la défense dans le monde entier.

Les renseignements recueillis pendant la guerre, notamment en ce qui concerne les tactiques et les développements de l'ennemi, ont fourni des informations cruciales qui ont influencé les stratégies d'après-guerre. L'analyse méticuleuse des tactiques et des contre-mesures de l'ennemi a permis aux Alliés de tirer des enseignements des erreurs et des succès de leurs adversaires, éclairant ainsi les décisions stratégiques dans le paysage incertain du monde de l'après-guerre. L'amalgame de ces renseignements et des technologies ennemies capturées a renforcé le répertoire tactique et stratégique des puissances victorieuses, façonnant profondément leur approche des conflits et des négociations diplomatiques à venir. L'impact sur les stratégies d'après-guerre s'est étendu au-delà du domaine militaire immédiat, car les considérations éthiques entourant la saisie technologique et l'innovation en temps de guerre ont suscité des délibérations sur les normes internationales et les règles d'engagement. Les implications de l'intégration des technologies capturées et de l'exploitation des renseignements en temps de guerre ont suscité des débats sur les limites éthiques de la guerre et sur l'utilisation responsable de l'armement avancé et des capacités de surveillance. Ces discussions ont finalement contribué à l'élaboration de nouveaux cadres et accords internationaux visant à réglementer l'utilisation des technologies militaires et à garantir le comportement éthique des nations en temps de conflit. Ainsi, l'influence de la Seconde Guerre mondiale sur les stratégies de l'après-guerre se fait sentir non seulement dans la doctrine militaire, mais également dans les dimensions éthiques et juridiques des relations internationales.

L'impact des stratégies d'après-guerre a dépassé le contexte militaire immédiat, stimulant les progrès de la recherche scientifique, l'innovation industrielle et les réalignements géopolitiques. Les connaissances acquises en temps de guerre, associées à l'assimilation des technologies capturées, ont alimenté des développements transformateurs dans des domaines tels que l'aérospatiale, l'informatique et les télécommunications. La poursuite stratégique de la suprématie scientifique et technologique s'est entremêlée avec les impératifs de sécurité nationale, entraînant des investissements sans précédent dans la recherche et le développement, qui continuent de façonner la dynamique du pouvoir mondial et la concurrence économique contemporaine.

La réorientation des stratégies d'après-guerre a influencé les négociations diplomatiques et les alliances, redéfinissant le paysage géopolitique et préparant le terrain pour la rivalité de la guerre froide entre les blocs idéologiques. Par essence, l'impact des stratégies d'après-guerre a transcendé les considérations militaires, exerçant une influence significative sur les trajectoires technologiques, économiques et géopolitiques de l'après-guerre.

En somme, l'impact de la Seconde Guerre mondiale sur les stratégies d'après-guerre a mis en évidence l'importance durable des avancées technologiques et des progrès en matière de renseignement dans l'élaboration de la dynamique du pouvoir mondial et des perspectives militaires. L'assimilation des technologies ennemies capturées, les connaissances tirées des opérations de renseignement et les considérations éthiques découlant des innovations en temps de guerre ont collectivement sous-tendu un changement de paradigme dans les postures de défense nationale et les relations internationales. Les répercussions de ces recalibrages stratégiques ont imprégné de multiples facettes de la vie sociétale et géopolitique, laissant une marque indélébile sur la trajectoire de l'histoire humaine et l'évolution de la guerre moderne.

Réflexions sur les résultats à long terme

Les résultats à long terme de tout événement historique sont inévitablement complexes et multiformes, et l'impact de la Seconde Guerre mondiale sur les stratégies d'après-guerre ne fait pas exception à la règle. Lorsque nous réfléchissons aux conséquences de la guerre, il devient évident que le paysage géopolitique a été irrévocablement modifié d'une manière qui continue de façonner la politique mondiale, les alliances et les relations internationales jusqu'à ce jour. Les leçons tirées et les stratégies élaborées au cours de l'après-guerre ont laissé une marque profonde et durable sur le monde.

L'un des résultats à long terme les plus notables est la création des Nations unies, une entité conçue en réponse à la dévastation causée par la guerre et destinée à encourager la coopération, à prévenir les conflits et à promouvoir la paix et la sécurité entre les nations. Les principes et les structures mis en place après la guerre reflètent un effort concerté pour institutionnaliser des mécanismes de sécurité collective, de diplomatie et de droit international, et les Nations unies restent une force centrale dans les affaires mondiales.

L'après-guerre a vu l'émergence de la guerre froide, une période caractérisée par une intense rivalité idéologique et des tensions géopolitiques entre les États-Unis et l'Union soviétique. L'héritage des stratégies et des alliances de guerre a directement influencé la trajectoire de cette lutte turbulente et prolongée, façonnant les doctrines militaires, les engagements diplomatiques, les avancées technologiques et les conflits par procuration dans le monde entier. Les répercussions à long terme de la guerre froide se font encore sentir dans la politique internationale contemporaine et continuent d'influencer le comportement des États et des acteurs non étatiques.

En plus de remodeler l'ordre géopolitique, l'environnement de l'après-guerre a stimulé le développement rapide de la science, de la technologie et de l'innovation, en particulier dans les domaines de l'aérospatiale, de l'énergie nucléaire et de l'informatique. Les impératifs stratégiques de la guerre ont alimenté des investissements sans précédent dans la recherche et le développement, entraînant de profondes avancées qui ont catalysé la transformation de la société et le progrès économique. L'héritage de ces innovations continue de redéfinir les contours de la civilisation moderne et sous-tend la dynamique de la concurrence et de la coopération mondiales. Enfin, l'impact des stratégies d'après-guerre est également perceptible dans le domaine de la décolonisation et de la restructuration des empires coloniaux. La guerre a précipité des changements dans la dynamique du pouvoir, la conscience publique et le sentiment anti-impérial, ce qui a finalement facilité les processus de décolonisation qui ont balayé l'Asie, l'Afrique et les Caraïbes.

L'émergence de nouveaux États indépendants et la reconfiguration des structures de pouvoir mondiales ont fondamentalement recalibré la carte géopolitique, engendrant de nouvelles alliances, de nouvelles frictions et de nouvelles opportunités. Alors que nous envisageons les résultats à long terme de l'après-guerre, nous sommes contraints de prendre en compte les héritages durables de la Seconde Guerre mondiale et les profondes transformations qui ont façonné de manière indélébile le monde moderne. Les répercussions des stratégies d'après-guerre continuent de résonner à travers les générations, témoignant de l'importance durable de l'histoire dans l'orientation du cours de la civilisation humaine.

8

Médecine et moralité

Le dilemme éthique

L'intersection de l'innovation et de l'éthique

La toile de fond historique des progrès médicaux en temps de guerre donne un aperçu profond de l'équilibre complexe entre l'innovation et l'éthique. Dans le chaos et la destruction de la guerre, la quête du progrès médical s'est intensifiée, conduisant à des avancées remarquables et parfois controversées. La synthèse de la nécessité et de l'opportunité a alimenté l'évolution rapide des pratiques médicales, repoussant les limites de la connaissance scientifique et de l'expérimentation humaine. Ainsi, nous nous intéressons à la myriade de complexités qui ont émergé au carrefour de l'innovation et des dilemmes éthiques durant cette période tumultueuse. En examinant le contexte historique et les dilemmes éthiques rencontrés par les praticiens médicaux, nous pouvons mieux comprendre comment les innovations en temps de guerre continuent à façonner l'éthique et les principes médicaux contemporains. Il est essentiel de comprendre cette intersection dynamique pour saisir l'impact profond des événements historiques sur les pratiques médicales et les normes éthiques d'aujourd'hui.

Contexte historique : Progrès médicaux pendant la guerre

Dans le contexte tumultueux de la Seconde Guerre mondiale, le domaine de la médecine a été le témoin de défis sans précédent et de progrès remarquables. Les exigences du temps de guerre ont propulsé la science médicale vers des territoires inexplorés, favorisant une ère définie par une innovation rapide et des dilemmes éthiques. Si les conflits engendrent souvent la destruction, ils stimulent également l'innovation, et la sphère médicale n'a pas fait exception à la règle.

Dans le creuset de la guerre, la demande de soins médicaux efficaces a atteint un niveau critique. Face à l'ampleur sans précédent des pertes et des blessures, les médecins et les chirurgiens ont été confrontés à la tâche redoutable de traiter les blessures liées au combat, de mettre au point de nouvelles techniques chirurgicales et de développer des technologies médicales innovantes. La guerre a servi de catalyseur à des développements révolutionnaires en matière de transfusion sanguine, de systèmes de triage et de prothèses, ainsi qu'à l'introduction d'antibiotiques pour combattre des infections auparavant incurables. La convergence de la nécessité et de l'ingéniosité a conduit à des avancées prolifiques dans le domaine des soins de traumatologie, qui ont finalement remodelé le paysage de la médecine moderne. Simultanément, la guerre a donné l'impulsion nécessaire à l'exploration des traumatismes psychologiques et de la psychiatrie. Le bilan dévastateur des batailles a précipité le besoin urgent de comprendre et de soulager les afflictions mentales des soldats. Ainsi, l'époque de la guerre a été marquée par des avancées décisives dans l'étude et le traitement du syndrome de stress post-traumatique (SSPT) et d'autres troubles psychologiques induits par les combats, jetant ainsi les bases de l'évolution des soins psychiatriques modernes.

La guerre a eu un impact profond sur les initiatives de santé publique et la gestion des maladies. Les épidémies, en particulier dans les camps d'internement et de réfugiés, ont souligné l'urgence des mesures préventives et de la recherche épidémiologique. La lutte contre les maladies infectieuses telles que le paludisme, le typhus et la tuberculose a conduit à la mise au point de vaccins, à la mise en œuvre de campagnes d'assainissement de masse et à la promulgation de stratégies globales de santé publique. Ces efforts ont non seulement permis de préserver la santé des populations au milieu de la tourmente de la guerre, mais ils ont également laissé une empreinte durable sur les pratiques mondiales en matière de soins de santé.

En somme, le creuset de la Seconde Guerre mondiale a catalysé des progrès sans précédent dans le domaine de la médecine, mettant en lumière la capacité de l'humanité à innover dans l'adversité. Cette rétrospective historique nous permet de mieux comprendre le pouvoir transformateur de la guerre sur la science médicale, un héritage qui continue de façonner l'éthique des soins de santé et les considérations éthiques dans notre société contemporaine.

L'expérimentation humaine : Une débâcle morale

Lors de la période tumultueuse des conflits mondiaux, le domaine de la médecine s'est retrouvé plongé dans un bourbier éthique lorsque des expérimentations humaines contraires à l'éthique ont pris racine dans le cadre des exigences du temps de guerre. La prolifération de ces pratiques est une conséquence directe de la perversion des progrès médicaux à des fins néfastes. Les implications morales et éthiques de ces actes détestables ont ouvert la voie à une profonde introspection sur les contours les plus sombres de la nature humaine et les limites de la science. L'expérimentation humaine à cette époque représentait une violation flagrante des principes fondamentaux de l'éthique médicale, se cristallisant finalement en une débâcle morale qui résonne dans l'histoire. La manipulation et l'exploitation d'individus vulnérables en vue d'une prétendue amélioration de la guerre témoignent d'un mépris flagrant pour le caractère sacré de la vie humaine. Les expériences injustifiées menées sur des prisonniers de guerre et des civils innocents sous le couvert de la recherche scientifique ont non seulement violé le serment d'Hippocrate, mais ont également porté atteinte aux droits inhérents et à la dignité d'autres êtres humains. Cette transgression flagrante contre l'humanité souligne le précipice dangereux dans lequel la recherche de la connaissance a vacillé pendant l'une des époques les plus sombres de l'histoire moderne.

Les souffrances insondables et les dommages irréversibles infligés à d'innombrables personnes dans le cadre de ces expériences abominables jettent une ombre indélébile sur le paysage éthique de la recherche médicale. Ces transgressions nous rappellent de manière poignante les conséquences catastrophiques qui surviennent lorsqu'on laisse les manquements à l'éthique s'infiltrer dans les voies de la recherche scientifique. La déshumanisation systématique des sujets et le mépris de leur souffrance soulignent la rupture de confiance monumentale entre les praticiens médicaux et les communautés qu'ils étaient censés servir. Les répercussions de ces entreprises sans morale se répercutent à travers le temps et l'espace, illustrant l'importance durable du respect des principes éthiques de la pratique médicale. En plongeant dans les annales des atrocités médicales historiques, nous devons faire face aux dommages irrévocables causés par des poursuites sans éthique et de réaffirmer résolument notre engagement inébranlable à sauvegarder la valeur intrinsèque de chaque vie humaine. C'est grâce à cette introspection et à la reconnaissance collective des transgressions passées que nous renforçons les fondements éthiques de la recherche médicale moderne, en veillant à ce que les ombres de la malveillance n'assombrissent plus jamais la noble quête de la guérison et de la compréhension.

Analyse d'une étude de cas : Expériences controversées et leurs résultats

Au cours de la période tumultueuse de la Seconde Guerre mondiale, de nombreuses expériences médicales controversées ont été menées par diverses parties, conduisant souvent à de graves dilemmes éthiques qui continuent d'être discutés et examinés de près aujourd'hui. Ces expériences ont soulevé des questions cruciales sur les limites de la recherche scientifique, les droits des sujets humains et la responsabilité des professionnels de la santé en matière de respect des normes éthiques. L'une de ces études de cas notoires est l'expérimentation menée au camp de concentration de Dachau par le régime nazi, où les prisonniers ont été soumis à des études sur l'hypothermie, à des recherches sur le paludisme et à d'autres essais médicaux brutaux. Les souffrances profondes infligées à ces personnes au nom de la science illustrent de manière frappante les conséquences odieuses d'une ambition scientifique incontrôlée.

Un autre cas pertinent est celui de la tristement célèbre unité 731 de l'armée impériale japonaise, où des expériences inhumaines ont été menées sur des prisonniers, notamment la vivisection, la recherche sur la guerre bactériologique et l'exposition à des conditions extrêmes. Les résultats de ces expériences ont non seulement causé des dommages incommensurables aux victimes, mais ont également eu un impact significatif sur l'éthique médicale et les droits de l'homme au niveau mondial.

L'héritage troublant de ces études de cas a suscité des réflexions approfondies sur la nécessité d'un contrôle éthique rigoureux et sur l'impératif de protéger la dignité fondamentale de tous les êtres humains. L'analyse détaillée de chaque étude de cas révèle la juxtaposition déconcertante de poursuites scientifiques impitoyables et de la valeur intrinsèque de la vie humaine. En examinant les implications et les ramifications éthiques de ces expériences, nous obtenons des informations précieuses sur la complexité de l'équilibre entre le progrès scientifique et les obligations morales. Ces études de cas servent d'avertissement, soulignant le besoin critique de lignes directrices éthiques strictes, de mécanismes de surveillance solides et d'un engagement inébranlable à sauvegarder le bien-être des personnes impliquées dans la recherche médicale. Alors que nous naviguons sur le terrain complexe de la bioéthique et de l'éthique de la recherche, une exploration approfondie de ces expériences litigieuses et de leurs conséquences nous permet de mieux comprendre les profonds dilemmes éthiques inhérents à la poursuite du progrès médical.

Le cadre juridique : Le code de Nuremberg et au-delà

Les lendemains de la Seconde Guerre mondiale ont marqué un tournant dans l'éthique médicale avec l'introduction du code de Nuremberg. Ce document historique, formulé en réponse aux odieuses expérimentations humaines menées par les médecins nazis pendant la guerre, a établi les principes fondamentaux d'une recherche médicale éthique impliquant des sujets humains. Les dix points du code de Nuremberg comprennent des exigences essentielles telles que le consentement volontaire du sujet, l'absence de souffrances physiques ou mentales inutiles et la nécessité pour la recherche de produire des résultats fructueux pour le bien de la société. Ce cadre fondamental souligne notamment l'impératif de donner la priorité au bien-être et aux droits des participants individuels à toute forme de recherche médicale. En mettant l'accent sur le consentement éclairé et la nécessité de minimiser les risques, le code de Nuremberg a ouvert une nouvelle ère de considérations éthiques dans la pratique et la recherche médicales. S'appuyant sur le code de Nuremberg, des développements ultérieurs dans les réglementations internationales et nationales ont renforcé le paysage juridique entourant l'éthique médicale. La Déclaration d'Helsinki, adoptée pour la première fois par l'Association médicale mondiale en 1964, a introduit des lignes directrices pour réglementer la recherche non thérapeutique et a établi des normes pour les essais cliniques. Aux États-Unis, le rapport Belmont a consolidé les principes de respect des personnes, de bienfaisance et de justice en tant que pierre angulaire de la recherche éthique. La création de commissions d'examen institutionnelles (IRB), chargées de sauvegarder les droits et le bien-être des sujets humains, a marqué une étape cruciale dans la mise en œuvre de normes éthiques au niveau institutionnel.

Plusieurs textes législatifs, tels que la règle commune des États-Unis et la directive de l'Union européenne sur la protection des données, ont contribué à l'évolution des réglementations mondiales relatives à la recherche impliquant des sujets humains. Aujourd'hui, les progrès réalisés dans des domaines tels que la recherche génomique et l'intelligence artificielle ont engendré des discussions et à des révisions constantes des lignes directrices éthiques afin de garantir la protection des participants et l'intégrité de la recherche scientifique. Alors que les frontières de la recherche médicale continuent de s'étendre, les ramifications éthiques nécessitent un examen continu et une adaptation des cadres juridiques afin de maintenir les normes les plus élevées en matière de bien-être des patients et de dignité humaine.

La bioéthique : Leçons tirées des atrocités du passé

Les atrocités commises pendant la Seconde Guerre mondiale ont suscité d'importantes réflexions sur l'éthique médicale et la nécessité d'adopter des réglementations strictes pour éviter de nouvelles transgressions. Le code de Nuremberg, établi en 1947 à la suite des procès des médecins nazis, a défini les principes fondamentaux régissant l'expérimentation humaine et a jeté les bases des cadres bioéthiques contemporains. Le code de Nuremberg mettait l'accent sur la nécessité d'un consentement volontaire, sur la nécessité d'éviter les souffrances inutiles et sur l'importance de la validité scientifique de la recherche, créant ainsi un précédent en matière d'éthique médicale.

Cependant, il est devenu évident que le code de Nuremberg avait des limites, car il se concentrait principalement sur la réglementation de la recherche sur l'homme, négligeant souvent les considérations éthiques plus larges de la médecine. Des événements ultérieurs, tels que les révélations de l'étude sur la syphilis de Tuskegee et les expériences de Willowbrook, ont souligné la nécessité d'affiner en permanence les lignes directrices en matière de bioéthique. Ces incidents ont mis en évidence l'obligation éthique de respecter l'autonomie du patient, de maximiser les bénéfices et de minimiser les dommages dans toutes les facettes de la pratique médicale. l'origine historique des pratiques médicales contraires à l'éthique a mis en lumière l'influence profonde de la dynamique du pouvoir, de la discrimination et de l'exploitation dans la recherche clinique et la prestation de soins de santé. La recherche de normes bioéthiques complètes a nécessité la reconnaissance de ces inégalités sociétales et un engagement inébranlable en faveur de la justice et de l'équité dans la prise de décision médicale. En conséquence, la bioéthique contemporaine a évolué au-delà des limites de l'éthique de la recherche, englobant des préoccupations plus larges telles que la justice distributive, la compétence culturelle et l'équité des soins de santé.

La publication historique du rapport Belmont en 1979 a renforcé les préceptes éthiques guidant la recherche sur des sujets humains, en mettant l'accent sur le respect des personnes, la bienfaisance et la justice. Les principes éthiques du rapport continuent de se répercuter dans diverses disciplines médicales, renforçant l'importance durable de l'intégrité éthique dans toutes les dimensions des soins de santé. En plus, la mise en place de conseils d'examen institutionnels et de comités de surveillance éthique a joué un rôle essentiel pour garantir le respect des normes éthiques et favoriser une culture de la responsabilité dans les institutions médicales. Le parcours de la bioéthique se caractérise par une réévaluation constante des impératifs moraux et des dilemmes éthiques, propulsant le discours actuel sur l'éthique médicale dans les paysages contemporains. En évaluant de manière critique les erreurs historiques et en renforçant les garanties éthiques, la société peut consolider son attachement à la probité éthique, engendrant un environnement de soins de santé fondé sur la compassion, l'intégrité et le respect de la dignité humaine.

Pratiques et protocoles médicaux d'après-guerre

Après la fin de la Seconde Guerre mondiale, la communauté médicale a été confrontée à la tâche ardue de réconcilier les manquements à l'éthique et les violations des droits de l'homme survenus pendant la guerre. Les atrocités commises sous le couvert de la recherche scientifique ont mis en évidence la nécessité de pratiques et de protocoles médicaux rigoureux. Alors que le monde était aux prises avec les conséquences des expérimentations en temps de guerre, un effort concerté a été déployé pour réformer l'éthique médicale et veiller à ce que de telles injustices ne se reproduisent plus jamais. Dans l'après-guerre, l'importance du consentement éclairé et de l'autonomie du patient a connu une évolution notable. Les professionnels de la médecine et les chercheurs ont reconnu le droit fondamental des individus à prendre des décisions concernant leur propre corps et les options thérapeutiques. Ce changement fondamental a constitué une étape décisive dans la défense de la dignité et des droits des patients dans le domaine médical.

La mise en place de comités d'examen éthique et de

mécanismes de surveillance institutionnelle est devenue partie intégrante de la pratique médicale. Ces entités ont été chargées d'évaluer les études de recherche proposées afin de garantir le respect des normes éthiques et la protection des sujets humains. En soumettant les protocoles de recherche à un examen rigoureux, ces mesures visaient à empêcher la réapparition de pratiques contraires à l'éthique qui avaient terni le domaine de la médecine. Les pratiques médicales de l'après-guerre ont également connu une évolution importante avec la mise en place d'une réglementation en matière de confidentialité et de respect de la vie privée. La protection des informations relatives aux patients et le maintien de la confidentialité des dossiers médicaux sont devenus primordiaux, favorisant la confiance et la responsabilité au sein du système de soins de santé. L'application de normes strictes en matière de protection de la vie privée a permis par ailleurs de respecter les droits individuels à la vie privée, et de renforcer la confiance du public dans la profession médicale.

Le domaine de l'enseignement médical s'est transformé, intégrant l'enseignement de l'éthique comme composante essentielle des programmes de formation. En instillant des principes éthiques et un raisonnement moral dans le programme d'études, les futurs professionnels de la santé ont été équipés pour faire face à des dilemmes éthiques complexes et respecter les normes d'intégrité les plus élevées dans le cadre de leurs activités professionnelles. Alors que l'héritage des injustices de la guerre se répercutait dans la communauté médicale, la période d'après-guerre a annoncé un changement de paradigme vers la priorisation des considérations éthiques dans toutes les facettes de la pratique médicale. Cette profonde évolution a jeté les bases de l'élaboration de cadres éthiques complets qui continuent de façonner les pratiques et protocoles médicaux contemporains.

Évolution des droits des patients et du consentement éclairé

Les droits des patients et le concept de consentement éclairé ont connu une évolution significative au lendemain de la Seconde Guerre mondiale, notamment en réponse aux dilemmes éthiques soulevés par les pratiques médicales en temps de guerre et l'expérimentation humaine. La reconnaissance de l'autonomie individuelle et du droit de prendre des décisions éclairées sur ses propres soins médicaux est devenue une pierre angulaire de l'éthique médicale moderne, coïncidant avec un accent accru sur la transparence et la responsabilité au sein du système de soins de santé. La période d'après-guerre a vu l'émergence de déclarations et de conventions historiques, telles que le Code de Nuremberg et le développement ultérieur de la Déclaration d'Helsinki, qui a exposé les principes éthiques régissant l'expérimentation et la recherche sur l'homme. Ces documents fondamentaux ont jeté les bases de l'établissement de normes éthiques concernant les droits des patients et le consentement éclairé, soulignant la nécessité d'un consentement volontaire et bien informé de la part des personnes participant à la recherche médicale ou aux essais cliniques. Au fur et à mesure que la médecine progressait, la compréhension des droits des patients et des complexités entourant le consentement éclairé s'est également développée.

L'un des moments clés de l'évolution des droits des patients a été la reconnaissance du fait que le consentement éclairé ne devait pas seulement englober la fourniture d'informations aux patients, mais également leur compréhension de ces informations. Cette évolution vers la garantie d'une véritable compréhension a marqué une étape cruciale dans la sauvegarde de l'autonomie et du bien-être des patients, reflétant une approche plus nuancée du concept de consentement éclairé.

Le discours et les débats éthiques en cours ont permis d'affiner les processus de consentement éclairé, en tenant compte de la diversité culturelle, des barrières linguistiques et des différents niveaux de connaissances en matière de santé au sein des populations de patients. Conscients des multiples facettes de la prise de décision éclairée, les professionnels de la santé et les chercheurs ont cherché à élaborer des stratégies qui tiennent compte de ces complexités tout en respectant les principes fondamentaux du respect de l'autonomie du patient et de la bienfaisance.

Aujourd'hui, le paysage des droits des patients et du consentement éclairé continue d'évoluer en réponse aux questions émergentes et aux progrès de la technologie médicale. La prolifération de la médecine personnalisée, de la génomique et des traitements innovants a introduit de nouvelles considérations en matière de consentement éclairé, soulevant des questions sur les implications de l'information génétique, l'utilisation de thérapies expérimentales et l'intersection potentielle des intérêts individuels et collectifs. Ces développements soulignent l'importance constante de l'examen critique et de l'adaptation des cadres éthiques afin de garantir que les droits des patients et le consentement éclairé restent solides et adaptés à l'évolution du paysage des soins de santé. En substance, l'évolution des droits des patients et du consentement éclairé témoigne de l'engagement durable en faveur du respect de la dignité et de l'autonomie des personnes dans le domaine de la médecine. Alors que nous naviguons dans les complexités des soins de santé modernes, le réexamen et l'amélioration continus des principes entourant les droits des patients et le consentement éclairé constituent un moyen essentiel de préserver l'intégrité éthique et de promouvoir le bien-être des personnes qui bénéficient de soins médicaux.

Défis éthiques actuels en médecine

Alors que nous entamons un voyage dans le royaume de la médecine moderne, il est impératif de faire face aux défis éthiques en constante évolution qui continuent de façonner le paysage des soins de santé. L'intersection des avancées technologiques, des droits des patients et de la poursuite de l'innovation médicale, a donné lieu à des dilemmes éthiques complexes qui nécessitent une navigation prudente. L'un des principaux défis réside dans les implications éthiques du génie génétique et de l'édition de gènes. Avec le développement de la technologie CRISPR, la possibilité de modifier le génome humain soulève de profondes préoccupations éthiques concernant les limites de l'intervention scientifique et l'impact sur les générations futures.

Le domaine en plein essor de la médecine personnalisée introduit des considérations éthiques liées à la vie privée, à la sécurité des données et à la répartition équitable des ressources. La possibilité d'adapter les traitements médicaux en fonction de la composition génétique d'un individu pose des défis éthiques sans précédent en matière de consentement éclairé, de rentabilité et d'accessibilité. En plus, l'importance croissante de l'intelligence artificielle (IA) dans les soins de santé soulève des questions éthiques sur l'autonomie, la responsabilité et les biais potentiels inhérents à la prise de décision algorithmique. Alors que l'IA promet de révolutionner les diagnostics et les protocoles de traitement, des cadres éthiques doivent être établis pour garantir la transparence, l'équité et le bien-être des patients.

Les énigmes éthiques entourant les soins de fin de vie et le suicide médicalement assisté restent des questions controversées au carrefour de la médecine et de la morale. Le débat sur l'autonomie du patient, la qualité de vie et le rôle des professionnels de la santé dans ces décisions continue de susciter une introspection éthique et un plaidoyer en faveur de la clarté législative. Au-delà de ces défis spécifiques, la dynamique plus large de la prestation des soins de santé, l'allocation des ressources et les disparités dans l'accès aux soins soulignent l'omniprésence des considérations éthiques dans le tissu de la médecine moderne. Pour relever ces défis, il faut une collaboration interdisciplinaire, un discours éthique permanent et un engagement ferme à respecter les principes de bienfaisance, de non-malfaisance, de justice et de respect de l'autonomie. À mesure que les technologies médicales et les valeurs sociétales évoluent, un engagement proactif face à ces défis éthiques est primordial pour garantir que les progrès de la médecine s'alignent sur l'objectif primordial de l'amélioration du bien-être humain.

Conclusion : Orientations futures de l'éthique médicale

Alors que nous nous trouvons au carrefour de l'éthique médicale, il est essentiel d'envisager la trajectoire future des normes et principes éthiques dans le domaine de la médecine. Le paysage dynamique des soins de santé, avec ses avancées technologiques rapides et l'évolution des normes sociétales, présente une myriade de défis et d'opportunités pour les considérations éthiques. Pour façonner l'avenir de l'éthique médicale, plusieurs orientations clés méritent une attention particulière. L'un des aspects pertinents concerne l'intégration des technologies émergentes, telles que l'intelligence artificielle et le génie génétique, dans les pratiques médicales. Alors que ces innovations continuent de redéfinir les frontières des soins de santé, il devient impératif d'établir des cadres éthiques solides qui régissent leur mise en œuvre, en garantissant la bienfaisance, la non-malfaisance, l'autonomie et la justice.

La mondialisation croissante des soins de santé exige une approche globale pour résoudre les dilemmes éthiques découlant des variations culturelles, des disparités de ressources et des réglementations juridiques différentes d'un pays à l'autre. Les efforts de collaboration à l'échelle mondiale sont essentiels pour établir des lignes directrices éthiques universellement applicables tout en respectant les diverses sensibilités et valeurs culturelles.

Le domaine en plein essor de la médecine de précision nécessite une réévaluation des normes éthiques concernant le consentement éclairé, la confidentialité des données et la distribution équitable des traitements de pointe. Les implications éthiques de l'édition de gènes, des thérapies personnalisées et des diagnostics prédictifs soulignent l'urgence d'une gouvernance éthique proactive pour sauvegarder les droits et le bien-être des patients. En outre, alors que nous naviguons sur le site dans une ère de découvertes et d'interventions médicales sans précédent, les responsabilités éthiques des professionnels de la santé, des chercheurs et des acteurs de l'industrie deviennent de plus en plus complexes. Trouver un équilibre entre l'innovation et la pratique éthique exige un engagement ferme en faveur de la transparence, de l'intégrité et d'un leadership éthique à tous les niveaux de l'écosystème des soins de santé. Il est impératif d'encourager une culture de sensibilisation à l'éthique et de formation continue à l'éthique au sein des institutions médicales, afin de créer les bases d'une prise de décision et d'une conduite professionnelle consciencieuses.

Enfin, la recherche permanente de la justice et de l'équité dans les soins de santé exige un réexamen constant des inégalités systémiques, des populations vulnérables et de l'accès aux ressources médicales essentielles. En s'attaquant aux déterminants sociaux de la santé, en plaidant pour un accès universel aux soins de santé et en affrontant les préjugés institutionnels, la boussole éthique de la médecine s'aligne sur les principes primordiaux d'équité, de compassion et de responsabilité sociale. En résumé, l'avenir de l'éthique médicale dépend de l'adaptation proactive aux avancées technologiques, à la diversité culturelle, aux défis de la médecine de précision, au professionnalisme éthique et aux paradigmes de soins de santé équitables. En embrassant ce paysage en constante évolution avec prévoyance et intégrité morale, nous sommes en mesure de naviguer sur le terrain éthique complexe des soins de santé et de cultiver un avenir où les impératifs éthiques sous-tendent toutes les facettes de la pratique et de l'innovation médicales.

9

Les secrets des opérations spéciales

Vue d'ensemble des opérations spéciales pendant la Seconde Guerre mondiale

La Seconde Guerre mondiale a marqué une étape décisive dans l'évolution des opérations spéciales, en étant le fer de lance du développement de la guerre clandestine à l'échelle mondiale. Alors que les nations se tournent vers des tactiques non conventionnelles pour obtenir des avantages stratégiques, la genèse des unités d'opérations spéciales émerge du creuset d'un conflit intense et de la dynamique changeante de la guerre moderne. L'origine de ces unités spécialisées remonte au besoin urgent de collecte de renseignements, de sabotage et de subversion derrière les lignes ennemies, ce qui exigeait une approche radicalement différente des stratégies militaires conventionnelles. Pour répondre à cette demande, plusieurs nations ont créé des organisations secrètes et des forces d'élite, mettant à profit l'expertise d'individus extraordinaires et d'innovateurs qui opéraient avec une discrétion et une précision inégalées. La création de ces unités visait à perturber les lignes d'approvisionnement de l'ennemi, à tromper ses forces militaires et à recueillir des informations cruciales pour influencer l'issue de la guerre. Le contexte mondial des unités d'opérations spéciales de la Seconde Guerre mondiale met en évidence une tapisserie complexe de tensions géopolitiques, d'espionnage et d'exploits audacieux qui ont modifié à jamais le paysage de la guerre moderne. Nous nous intéressons ici à la genèse et l'évolution de ces unités remarquables, mettant en lumière la prévoyance stratégique et l'exécution audacieuse qui ont défini les opérations clandestines de la Seconde Guerre mondiale.

Planification et exécution stratégiques

La planification stratégique et l'exécution d'opérations spéciales pendant la Seconde Guerre mondiale ont été des éléments essentiels des efforts déployés par les Alliés pour prendre l'avantage sur leurs adversaires. Les opérations spéciales impliquaient une planification méticuleuse, une coordination et une exécution précise, souvent dans des environnements clandestins et à haut risque. Elles exigent une connaissance approfondie des forces et des faiblesses de l'ennemi, ainsi que la capacité de s'adapter à des situations qui évoluent rapidement. Le succès de ces opérations dépendait de la perspicacité stratégique des chefs militaires et de la bravoure des agents qui risquaient leur vie derrière les lignes ennemies.

L'un des aspects essentiels de la planification stratégique était l'identification et la sélection de cibles susceptibles d'apporter un avantage tactique significatif. Les unités d'opérations spéciales recueillaient méticuleusement des renseignements, souvent par le biais de missions de reconnaissance audacieuses, afin d'identifier des cibles de grande valeur, telles que des voies d'approvisionnement cruciales, des centres de communication ou des personnes clés de l'ennemi. Une fois ces cibles identifiées, une planification méticuleuse est mise en place pour élaborer des stratégies d'infiltration, de sabotage ou de neutralisation de ces cibles. Cela exige une connaissance approfondie des tactiques et des défenses de l'ennemi, ainsi que des approches novatrices pour les surmonter. L'exécution des opérations spéciales exigeait précision et discrétion. Les opérateurs ont suivi un entraînement rigoureux pour acquérir des compétences spécialisées en matière d'infiltration, de sabotage et d'espionnage. Chaque opération a été minutieusement répétée, en accordant une attention particulière aux plans d'urgence et aux défis imprévus.

Une communication et une coordination efficaces entre les forces alliées étaient essentielles à l'exécution sans faille de ces opérations. Le succès des opérations dépendait de la discrétion des agents, de leur capacité à s'adapter à l'évolution des circonstances et du réseau de soutien qui facilitait leurs missions. Par ailleurs, la planification stratégique comprenait l'utilisation de tactiques de diversion pour tromper l'ennemi et créer des opportunités pour des opérations réussies. La tromperie et la fausse route font partie intégrante de nombreuses opérations spéciales, permettant aux agents d'exploiter l'effet de surprise et de désorienter l'ennemi. Qu'il s'agisse de campagnes de désinformation ou de diversions orchestrées, les planificateurs stratégiques ont cherché à déstabiliser l'ennemi et à maximiser les chances de réussite de la mission. L'importance de la planification et de l'exécution stratégiques dans les opérations spéciales ne se limite pas au champ de bataille. Elles impliquent l'orchestration d'une expertise multidisciplinaire, y compris la collecte de renseignements, la logistique, la technologie et la psychologie humaine. Il s'agit essentiellement de la fusion d'une stratégie précise et d'une exécution audacieuse en vue d'obtenir des résultats décisifs. Les enseignements tirés de ces opérations continuent d'influencer les tactiques militaires modernes et la planification stratégique, témoignant de l'impact durable de l'innovation et de l'ingéniosité en temps de guerre.

Figures clés des opérations secrètes

Au cours de la Seconde Guerre mondiale, le succès des opérations secrètes a reposé en grande partie sur l'expertise et le leadership de personnalités clés dans le domaine du renseignement et de l'espionnage. Ces personnes ont joué un rôle essentiel dans l'issue de nombreuses missions clandestines, travaillant souvent derrière les lignes ennemies pour recueillir des informations cruciales et orchestrer des frappes stratégiques. Parmi les figures les plus remarquables, on peut citer le personnage charismatique et énigmatique de Virginia Hall, une espionne américaine qui a surmonté une grande adversité pour devenir l'un des agents les plus efficaces de la guerre. Connue pour sa ruse et son ingéniosité exceptionnelles, Virginia Hall a opéré dans la France occupée par les nazis, où elle a coordonné les efforts vitaux de la résistance et fourni des renseignements inestimables aux Alliés. Son courage et son engagement inébranlable pour la cause ont fait d'elle une légende dans le monde des opérations secrètes. Un autre personnage influent fut l'officier de renseignement britannique, le major Airey Neave, qui joua un rôle important dans le développement de tactiques d'évasion et de fuite, ainsi que dans la coordination des activités de la résistance anti-allemande. L'approche audacieuse et novatrice de Neave a contribué à orienter les opérations secrètes et à établir de nouvelles normes en matière de collecte de renseignements et d'activités subversives.

L'esprit brillant de William Stephenson, également connu sous le nom d'*Intrepid*, s'impose comme une figure centrale dans le domaine des opérations spéciales. En tant que chef de la coordination de la sécurité britannique, Stephenson a dirigé de nombreuses opérations secrètes et de renseignement tout au long de la guerre, jetant les bases des pratiques d'espionnage modernes. Sa vision stratégique et ses contributions inégalées lui ont valu l'admiration de ses alliés et ont semé la terreur chez ses adversaires. Ces personnages clés, ainsi que beaucoup d'autres, ont contribué au succès des opérations secrètes à une époque de bouleversements mondiaux sans précédent. Leur dévouement inébranlable, leur leadership avisé et leurs actions courageuses continuent de témoigner de l'impact durable de leurs contributions.

Outils technologiques et innovations

Lors de la Seconde Guerre mondiale, les progrès technologiques ont joué un rôle essentiel dans l'évolution de la guerre. L'innovation et l'application de nouvelles technologies ont grandement influencé les résultats des opérations secrètes et des activités d'espionnage. Ainsi, nous accordons une attention particulière aux outils et innovations technologiques qui ont révolutionné les missions clandestines durant cette période tumultueuse. L'une des avancées technologiques les plus importantes a été la mise au point de caméras et d'appareils d'enregistrement miniaturisés, qui ont permis aux agents de recueillir discrètement des renseignements précieux sans compromettre leur couverture. Ces outils compacts, mais puissants, ont ouvert la voie à des capacités de surveillance sans précédent, permettant aux agents secrets de recueillir des informations cruciales tout en opérant dans des environnements hostiles.

Les progrès réalisés dans le domaine de la cryptographie et des techniques de chiffrement ont constitué un avantage crucial pour la sécurisation des communications sensibles et la protection des données classifiées contre l'interception par l'ennemi. La conception complexe des machines à chiffrer et des dispositifs de cryptage a permis la transmission sécurisée de messages vitaux, préservant ainsi l'intégrité des opérations clandestines.

L'intégration de la technologie radio dans les activités d'espionnage a révolutionné la communication et la coordination entre les agents secrets. Les émetteurs radio portables et dissimulables facilitent la transmission transparente d'informations essentielles, ce qui permet aux agents de rester en contact avec leurs supérieurs et de transmettre des informations vitales en provenance du terrain. Le développement des technologies de furtivité et de dissimulation a également joué un rôle essentiel dans l'amélioration de l'efficacité des missions clandestines. Des matériaux de camouflage et des déguisements de pointe ont permis aux agents de se fondre dans leur environnement, d'échapper à la détection et d'augmenter le taux de réussite des opérations secrètes.

Les progrès réalisés dans le domaine des moyens de transport clandestins, tels que les sous-marins miniatures et les avions spécialisés, ont offert aux agents clandestins une mobilité et des capacités d'infiltration sans précédent. Ces solutions de transport innovantes ont permis aux agents d'accéder à des lieux éloignés et fortifiés, élargissant ainsi la portée et l'impact de leurs missions. La convergence de l'ingéniosité technologique et de l'innovation stratégique a accru l'efficacité et l'impact des opérations secrètes pendant la Seconde Guerre mondiale, jetant les bases des pratiques d'espionnage modernes. L'héritage de ces avancées technologiques continue d'influencer l'évolution du paysage des missions clandestines, témoignant de l'importance durable de l'innovation dans le domaine de l'espionnage et des opérations spéciales.

Tactiques de guerre psychologique

Durant la Seconde Guerre mondiale, les tactiques de guerre psychologique ont pris une importance considérable en tant que moyen d'obtenir un avantage stratégique et d'influencer le comportement des ennemis et des alliés. Ces tactiques visaient à exploiter les vulnérabilités psychologiques et les peurs des adversaires, en utilisant toute une série de méthodes pour semer la confusion, la désunion et la démoralisation. L'une des tactiques les plus connues est la diffusion de propagande par le biais de tracts, d'émissions de radio et d'autres canaux médiatiques, destinés à saper le moral des forces ennemies et des civils tout en soutenant les populations amies.

Les opérations secrètes utilisent des tactiques psychologiques, telles que la diffusion de fausses rumeurs et d'informations erronées, pour induire l'ennemi en erreur et le désorienter, en créant de l'incertitude et en perturbant son processus de prise de décision. L'utilisation d'images trompeuses, y compris le camouflage et les opérations de leurre, a également joué un rôle essentiel dans la manipulation psychologique des perceptions des adversaires. les unités spéciales ont été formées aux opérations psychologiques, utilisant diverses formes de persuasion et de manipulation pour atteindre des objectifs militaires sans combat direct. Ces unités utilisaient la peur, l'incertitude et le doute pour affaiblir la détermination des forces adverses, en s'appuyant souvent sur des nuances culturelles et sociales pour renforcer l'impact de leurs messages.

L'impact psychologique de la guerre non conventionnelle, comme les tactiques de guérilla et les activités subversives, ne peut être sous-estimé. En frappant le moral de l'ennemi et en instillant le doute sur l'efficacité de ses dirigeants, les tactiques de guerre psychologique ont contribué de manière significative au succès global des campagnes militaires. L'héritage durable de ces tactiques est évident dans les stratégies modernes de guerre psychologique, qui continuent d'être employées par les agences militaires et de renseignement pour façonner les perceptions, influencer les comportements et atteindre les objectifs stratégiques dans les conflits contemporains et les engagements géopolitiques.

Études de cas : Missions réussies

Tout au long du tumulte de la Seconde Guerre mondiale, diverses missions clandestines ont été menées avec une précision incroyable et un engagement inébranlable, façonnant finalement la trajectoire de la guerre. Ces opérations spécialisées ont représenté l'apogée de la guerre stratégique, où la planification méticuleuse et l'exécution secrète ont joué un rôle essentiel en changeant le cours de l'histoire. Les missions réussies orchestrées durant cette période témoignent de la bravoure, de l'intelligence et de la détermination extraordinaires de ceux qui y ont participé. L'une de ces missions remarquables est l'opération Grouse, une opération norvégienne audacieuse qui a jeté les bases du sabotage ultérieur de l'installation nazie de production d'eau lourde de Vemork.

Les exploits audacieux des commandos norvégiens ont illustré la coordination méticuleuse et l'exécution sans faille requises pour de telles entreprises. En dépit d'un terrain difficile et d'une adversité écrasante, ils ont fait preuve d'une résistance et d'une bravoure inégalées, réussissant à perturber un aspect essentiel du projet de bombe atomique allemand. Le raid sur Saint-Nazaire, souvent considéré comme l'une des opérations navales les plus audacieuses et les plus téméraires de la guerre, est un autre exemple probant. Les commandos britanniques ont exécuté un assaut méticuleusement planifié et très risqué sur la cale sèche lourdement fortifiée, ciblant stratégiquement l'infrastructure essentielle qui soutenait les redoutables cuirassés allemands. La bravoure insondable des commandos, associée à des prouesses tactiques décisives, a abouti à un succès retentissant qui a considérablement entravé les capacités navales nazies.

Les efforts clandestins de l'Office of Strategic Services (OSS) attirent également l'attention, en particulier les réalisations exceptionnelles des équipes de Jedburgh. Composées de soldats d'élite américains, britanniques et français, ces équipes ont entrepris des missions périlleuses loin derrière les lignes ennemies, mettant à profit leur expertise en matière de guerre non conventionnelle pour soutenir les mouvements de résistance et perturber les opérations allemandes. Leurs succès clandestins se sont répercutés dans toute l'Europe occupée, insufflant espoir et courage aux populations assiégées par l'oppression et la tyrannie. Ces missions exemplaires soulignent l'esprit indomptable de ceux qui se consacrent à la préservation de la liberté et catalysent des changements cruciaux dans les marées de la guerre. Elles témoignent durablement de l'impact inestimable des opérations secrètes sur la grande scène de l'histoire, illustrant l'influence profonde de la finesse stratégique, de la détermination inébranlable et de la bravoure consommée.

Systèmes de communication et secret

Pendant la Seconde Guerre mondiale, l'un des éléments essentiels qui ont assuré le succès des opérations spéciales a été la robustesse des systèmes de communication et le secret absolu entretenu par les agents secrets. La communication est au cœur des opérations militaires et des activités de renseignement, car elle a un impact direct sur la réussite ou l'échec des missions. La nécessité de disposer de canaux de communication sûrs, fiables et instantanés a conduit au développement de technologies et de méthodes de cryptage de pointe. Les unités d'opérations spéciales s'appuient largement sur des mécanismes de codage et de décodage sophistiqués pour transmettre des informations sensibles sans interception. Ces systèmes ont joué un rôle essentiel dans le maintien de la sécurité et de la confidentialité des opérations, en empêchant que des renseignements vitaux ne tombent entre les mains de l'ennemi. Le niveau de secret entourant ces processus de communication était inégalé, les agents suivant méticuleusement les protocoles afin d'éviter de compromettre des missions sensibles. Des techniques de cryptage telles que la machine Enigma et le cryptogramme Lorenz permettaient des communications clandestines, constituant l'épine dorsale des opérations secrètes. Outre les solutions cryptographiques, les opérations spéciales ont également utilisé des méthodes de signalisation innovantes, notamment le code Morse et les transmissions radio, pour relayer les messages critiques en toute sécurité.

Plusieurs niveaux d'authentification et de vérification de l'identité ont été utilisés pour garantir que seul le personnel autorisé puisse accéder aux communications classifiées. La complexité de ces systèmes de communication et les mesures rigoureuses prises pour protéger les informations classifiées illustrent l'engagement sans précédent en faveur de la sécurité opérationnelle observé au cours de la Seconde Guerre mondiale. La capacité à dissimuler et à transmettre efficacement des données sensibles a contribué de manière significative au succès des missions clandestines, renforçant l'importance de la communication et du secret dans les opérations spécialisées en temps de guerre.

Défis et revers

Après les opérations clandestines menées pendant la Seconde Guerre mondiale, il est devenu évident que les opérations spéciales n'étaient pas à l'abri des difficultés et des revers. Malgré une planification et une exécution méticuleuses, des obstacles imprévus surgissent souvent, mettant à l'épreuve la résistance et la capacité d'adaptation des agents concernés. L'un des principaux défis à relever est le risque permanent de compromission et d'infiltration par des agents ennemis. Le réseau complexe de systèmes de communication et de mesures de secret, bien qu'efficace dans une large mesure, était toujours susceptible de présenter des failles. La menace constante de voir des adversaires intercepter ou déchiffrer des messages sensibles constituait un formidable défi pour le maintien de la sécurité opérationnelle.

Le recours massif à des méthodes secrètes signifiait que toute défaillance pouvait avoir des conséquences désastreuses et mener à des résultats catastrophiques, ce qui soulignait l'immense pression à laquelle étaient confrontés ceux qui étaient chargés d'exécuter ces missions. Un autre revers important découle de la nature imprévisible des conditions en temps de guerre, où des facteurs externes tels que les conditions météorologiques, les changements géopolitiques ou les mouvements inattendus de l'ennemi peuvent perturber des plans soigneusement établis.

Les dilemmes éthiques inhérents aux opérations spéciales posaient souvent des problèmes complexes. L'équilibre entre la nécessité d'atteindre les objectifs stratégiques, les considérations morales et les dommages collatéraux potentiels exigeait un engagement inébranlable à respecter les principes dans le tumulte du conflit. Par ailleurs, il ne faut pas négliger l'impact psychologique sur les agents participant à des missions secrètes. La tension constante liée au fait d'opérer sous le radar, souvent dans des territoires hostiles et des environnements très stressants, a eu des répercussions sur le bien-être mental des personnes engagées au service de leurs nations respectives. À la lumière de ces défis et de ces revers, la résilience et l'ingéniosité dont ont fait preuve les personnes engagées dans des opérations spéciales à cette époque témoignent de la force d'âme et du dévouement de l'homme, malgré les circonstances ardues et décourageantes auxquelles il a été confronté.

Impact sur les techniques d'espionnage d'après-guerre

On ne saurait trop insister sur l'impact de la Seconde Guerre mondiale sur les techniques d'espionnage de l'après-guerre. La guerre a servi de terreau au développement et au perfectionnement des opérations secrètes, de la collecte de renseignements et des tactiques de surveillance, qui ont profondément influencé le paysage de l'espionnage mondial dans les décennies qui ont suivi. Les leçons tirées des activités clandestines en temps de guerre ont directement façonné les stratégies et les méthodes employées par les agences de renseignement et les agents secrets pendant la guerre froide et au-delà. L'un des impacts les plus importants de la Seconde Guerre mondiale sur les techniques d'espionnage de l'après-guerre a été l'importance accrue accordée aux progrès technologiques. Le conflit a donné lieu à des innovations rapides dans les systèmes de communication, les méthodes de cryptage et les technologies de surveillance. Ces développements ont non seulement révolutionné la manière dont les renseignements étaient recueillis, mais ont également permis la création d'outils et d'équipements d'espionnage avancés et sophistiqués, tels que des dispositifs d'enregistrement dissimulés, des caméras secrètes et des machines à décrypter les codes. L'intégration de technologies de pointe a fondamentalement transformé les capacités opérationnelles des agences de renseignement, ouvrant une ère de sophistication sans précédent dans les pratiques d'espionnage.

L'expérience de la guerre a incité à réévaluer le rôle du renseignement humain (HUMINT) dans les opérations d'espionnage. Les missions d'infiltration et de sabotage menées avec succès par les forces d'opérations spéciales pendant la Seconde Guerre mondiale ont mis en évidence l'importance cruciale du recrutement et de la formation d'agents qualifiés pour recueillir des renseignements derrière les lignes ennemies. Ce changement d'orientation vers le renseignement humain clandestin a jeté les bases de l'expansion des réseaux d'agents secrets et de l'élaboration de programmes de formation spécialisés destinés à cultiver la prochaine génération d'agents infiltrés.

Les considérations éthiques découlant de la conduite de l'espionnage pendant la guerre ont exercé une influence durable sur les opérations de renseignement de l'après-guerre. La prise de conscience des dilemmes moraux auxquels sont confrontés les agents de renseignement impliqués dans des activités clandestines a conduit à remettre l'accent sur les directives éthiques et les codes de conduite au sein des services de renseignement. La nécessité de trouver un équilibre entre les impératifs de sécurité nationale et les normes éthiques est devenue une préoccupation essentielle qui a façonné l'évolution des pratiques d'espionnage et des processus de prise de décision dans l'après-guerre.

En somme, l'impact de la Seconde Guerre mondiale sur les techniques d'espionnage de l'après-guerre a été considérable, multiforme et durable. La convergence des avancées technologiques, des idées stratégiques et des considérations éthiques issues de l'espionnage en temps de guerre a profondément façonné la trajectoire des opérations de renseignement dans la période d'après-guerre. Les héritages de l'innovation, de l'adaptation et de la réflexion éthique continuent de résonner dans le paysage contemporain de l'espionnage mondial, témoignant de l'empreinte indélébile de la Seconde Guerre mondiale sur l'évolution des pratiques du renseignement clandestin.

Considérations éthiques et controverses

L'après-guerre a mis en lumière une myriade de considérations éthiques et de controverses découlant des techniques d'espionnage mises au point pendant la Seconde Guerre mondiale. Alors que le monde était aux prises avec les conséquences du conflit, les nations se sont retrouvées confrontées aux implications morales des activités d'espionnage qui avaient contribué à façonner l'issue de la guerre. Le recours à des opérations secrètes, notamment la surveillance, l'infiltration et le sabotage, a soulevé de profondes questions éthiques concernant l'équilibre entre les impératifs de sécurité nationale et les libertés individuelles. le recours à des pratiques trompeuses et à des tactiques de guerre psychologique a suscité des inquiétudes quant à la manipulation de l'opinion publique et à l'érosion potentielle de la confiance au sein des sociétés. L'une des principales controverses a porté sur l'impact de l'espionnage sur les relations internationales et la confiance diplomatique. La révélation d'opérations clandestines de collecte de renseignements a tendu les relations entre d'anciens alliés et alimenté la suspicion entre les nations, entraînant un changement de paradigme dans la diplomatie mondiale. Les implications éthiques de ce changement ont été profondes, car il a forcé les décideurs politiques à réévaluer les normes traditionnelles de l'art de gouverner et les limites d'une conduite acceptable dans la poursuite des intérêts nationaux.

L'émergence de nouvelles technologies et de nouveaux systèmes de communication dans le domaine de l'espionnage a suscité des débats sur le droit à la vie privée et les limites de la surveillance gouvernementale, jetant les bases de futurs dilemmes éthiques concernant la sécurité et l'autonomie individuelle. Un autre aspect essentiel des considérations éthiques de l'après-guerre a été le traitement des agents capturés et l'utilisation de méthodes d'interrogatoire. Les dimensions morales de ces pratiques ont été mises en avant lorsque la communauté internationale a cherché à établir des protocoles pour le traitement humain des prisonniers et des détenus. La révélation d'actions paramilitaires secrètes et d'assassinats ciblés a également provoqué un examen minutieux des contraintes éthiques régissant la conduite des agences de renseignement et des unités d'opérations spéciales de l'armée. Ces révélations ont déclenché un débat public sur les mécanismes de responsabilité et de contrôle nécessaires pour prévenir les abus de pouvoir et garantir le respect des normes éthiques.

L'héritage des activités d'espionnage en temps de guerre a croisé des débats de société plus larges sur la vérité, la transparence et la propagande. La diffusion délibérée de la désinformation et l'entretien de faux récits ont mis en évidence la tension inhérente entre l'impératif de sécurité nationale et la préservation des valeurs démocratiques. Le spectre des campagnes de désinformation et des tactiques de subversion soutenues par l'État a jeté une longue ombre sur le discours public, suscitant des demandes de transparence accrue et de clarté éthique dans la conduite des opérations de renseignement.

En résumé, les considérations éthiques et les controverses suscitées par les techniques d'espionnage de l'après-guerre ont mis en lumière l'interaction complexe entre les impératifs de sécurité nationale, les droits individuels et les normes internationales. L'impact durable de ces dilemmes éthiques continue de façonner le discours sur l'espionnage et les opérations secrètes à l'époque contemporaine, rappelant le terrain éthique complexe traversé par les personnes impliquées dans le monde obscur du renseignement et des opérations spéciales.

10

L'énigme de la cryptographie

Codes et secret

La cryptographie pendant la Seconde Guerre mondiale

La cryptographie a joué un rôle central dans la Seconde Guerre mondiale, influençant les stratégies et les résultats du conflit à l'échelle mondiale. Dès le début de la guerre, les puissances de l'Axe et les puissances alliées ont reconnu qu'il était impératif de protéger leurs communications contre l'interception et le décryptage par les forces ennemies. L'utilisation de codes et de chiffrements est devenue à la fois un moyen de transmettre des informations confidentielles et une forme de guerre du renseignement. La capacité d'intercepter, de déchiffrer et d'exploiter les messages cryptés pouvait modifier le cours des batailles et des campagnes. La cryptographie est donc apparue comme un outil essentiel pour obtenir un avantage stratégique et maintenir le secret opérationnel. L'impact de la cryptographie s'est étendu au-delà de la simple sécurité des communications. Elle a influencé le processus de prise de décision aux plus hauts niveaux de commandement, déterminant souvent le calendrier et la coordination des opérations militaires. La machine Enigma, utilisée par les forces armées allemandes pour crypter les messages sensibles, témoigne de la complexité et de la sophistication de la technologie cryptographique à cette époque. Son évolution et les efforts déployés par la suite pour déchiffrer ses codes illustrent la bataille intellectuelle acharnée qui a caractérisé la cryptanalyse pendant la Seconde Guerre mondiale.

L'efficacité des systèmes cryptographiques à protéger les informations sensibles a profondément influencé le développement de la guerre tactique et stratégique. Les deux camps ont recherché la supériorité technologique dans le cryptage et le décryptage des messages, ce qui a conduit à l'amélioration et à la diversification constantes des systèmes de cryptographie. Comprendre les forces et les faiblesses des méthodes cryptographiques de l'adversaire est devenu essentiel pour formuler des contre-mesures efficaces et exploiter les communications de l'ennemi. Ce concours d'intelligence et d'innovation a considérablement influencé la progression et la résolution d'engagements militaires cruciaux. En substance, la cryptographie pendant la Seconde Guerre mondiale a servi de pivot pour façonner la dynamique de la guerre moderne. Elle a mis en évidence l'importance de la sécurité de l'information en tant que multiplicateur de force, exerçant une influence considérable sur la conduite des opérations militaires et sur l'issue du conflit. La recherche de l'avantage par la cryptanalyse a fait progresser la technologie et la collecte de renseignements, laissant une marque indélébile dans les annales de l'histoire.

Évolution de la machine Enigma

L'évolution de la machine Enigma témoigne de l'ingéniosité et de la complexité de la technologie cryptographique allemande pendant la Seconde Guerre mondiale. Développée par l'ingénieur allemand Arthur Scherbius au début du XXe siècle, la machine Enigma a d'abord été utilisée à des fins commerciales, offrant un niveau de sécurité recherché par les banques et les entreprises. Cependant, son utilisation pour les communications militaires pendant la guerre en a fait un symbole de secret et de force, posant un défi de taille aux décrypteurs alliés. La machine Enigma a connu plusieurs itérations, chaque version introduisant de nouvelles caractéristiques et complexités pour déconcerter les efforts de décryptage. Ces avancées comprenaient des rotors supplémentaires, des configurations de cartes enfichables et des schémas de câblage changeants, rendant l'Enigma de plus en plus complexe et insaisissable.

Les efforts pour déchiffrer le code Enigma se sont heurtés à de grandes difficultés, car la machine offrait 150 000 000 000 000 000 000 000 de réglages possibles, ce qui rendait les attaques par force brute irréalisables. L'armée allemande a également mis en place des procédures opérationnelles strictes, telles que des changements de clés quotidiens et des formats de messages spécifiques, ajoutant des couches de complexité qui ont encore plus contrarié les tentatives d'interception et de décryptage des Alliés.

L'introduction du quatrième rotor a constitué un tournant dans l'évolution de l'Enigma, augmentant les combinaisons potentielles et intensifiant le défi cryptographique pour les cryptanalystes alliés. Malgré ces obstacles, des percées remarquables ont été réalisées grâce à la collaboration d'esprits brillants, notamment à Bletchley Park, où les capacités de décryptage d'Alan Turing et d'autres ont joué un rôle décisif dans la percée des secrets de l'Enigma. L'évolution de l'Enigma n'a pas seulement symbolisé la sophistication technique, elle a également mis en lumière la lutte constante entre les capacités de cryptage et de décryptage. Alors que les Alliés adaptaient leurs tactiques et leurs technologies, l'Enigma a continué d'évoluer dans une course aux armements cryptographiques permanente, illustrant le paysage toujours changeant du renseignement en temps de guerre et de l'innovation technologique. En fin de compte, la saga de la machine Enigma est un récit fascinant de la persévérance humaine, de l'intelligence et de la quête perpétuelle du savoir dans le brouillard de la guerre.

Forces alliées : Tactiques de décodage

Au cours de la Seconde Guerre mondiale, les forces alliées ont été confrontées à un défi de taille : déchiffrer les codes et les systèmes de chiffrement complexes utilisés par les puissances de l'Axe pour sécuriser leurs réseaux de communication. Cette tâche exigeait une détermination sans faille, une réflexion novatrice et une collaboration entre les experts en cryptanalyse et en renseignement. Durant la guerre, les cryptanalystes alliés ont utilisé diverses tactiques pour déchiffrer les codes de l'ennemi, ce qui a eu un impact considérable sur l'issue de batailles clés et sur les décisions stratégiques. L'une des principales tactiques utilisées par les forces alliées a consisté à créer des équipes de décryptage composées de mathématiciens, de linguistes et de logisticiens qui ont travaillé sans relâche pour déchiffrer les messages ennemis interceptés. Ces équipes analysaient méticuleusement les schémas et les fréquences des transmissions codées, exploitant souvent les faiblesses connues des méthodes de cryptage employées par les puissances de l'Axe. Grâce à l'analyse statistique, au comptage des fréquences et à la reconnaissance des formes, les cryptanalystes alliés ont pu obtenir des informations précieuses qui ont permis de réaliser des percées dans le décodage des communications ennemies.

L'utilisation de matériel cryptographique capturé, tel que des livres de code et des machines, a fourni des renseignements cruciaux pour les efforts de décryptage des Alliés. Des opérations stratégiques ont donc été nécessaires pour acquérir ces matériels, souvent par le biais de missions audacieuses et d'activités d'espionnage derrière les lignes ennemies. Les informations obtenues à partir de ces documents ont permis aux cryptanalystes d'étudier les dispositifs cryptographiques et d'en faire la rétro-ingénierie, ce qui a permis de dévoiler des secrets essentiels et de mieux comprendre les techniques de cryptage de l'ennemi.

La collaboration entre les services de renseignement alliés et les mouvements de résistance dans les territoires occupés a joué un rôle essentiel dans l'obtention d'informations cryptographiques précieuses. Ces partenariats clandestins ont permis d'intercepter des codes et du matériel, fournissant ainsi des indices essentiels qui ont contribué à faire progresser les efforts de décryptage. Les informations recueillies par ces canaux ont non seulement permis de déchiffrer les communications ennemies, mais encore de perturber les opérations de l'Axe et de protéger les forces alliées. Au fur et à mesure que la guerre faisait rage, le développement et le perfectionnement d'outils et de techniques de cryptanalyse spécialisés sont devenus essentiels pour les forces alliées. Des machines informatiques de pointe, telles que le Bombe britannique et le SIGABA américain, ont permis d'automatiser certaines tâches liées au décryptage, accélérant ainsi considérablement le processus de décryptage.

L'utilisation de modèles probabilistes et mathématiques a permis aux cryptanalystes de concevoir des stratégies plus efficaces pour s'attaquer aux systèmes cryptographiques de plus en plus sophistiqués mis en place par les puissances de l'Axe. Le décodage réussi des messages ennemis par les forces alliées a eu une influence directe sur les campagnes militaires et les décisions stratégiques. De l'interception d'ordres cruciaux et de plans de bataille à l'identification des itinéraires d'approvisionnement de l'ennemi et des mouvements de troupes, les renseignements décryptés fournis par les cryptanalystes alliés ont eu un impact profond sur le cours de la guerre. En fin de compte, le dévouement inlassable, l'ingéniosité stratégique et la persévérance inébranlable des efforts de décryptage alliés ont joué un rôle essentiel dans l'obtention de la victoire et dans le façonnement du paysage de l'après-guerre.

Secrets au-delà d'Enigma : Autres dispositifs cryptographiques

Si la machine Enigma est largement reconnue pour son importance dans la cryptographie de la Seconde Guerre mondiale, il est essentiel de reconnaître que d'autres dispositifs cryptographiques moins connus ont été utilisés lors de cette période. Ces dispositifs, bien qu'éclipsés par la célébrité de la machine Enigma, ont joué un rôle essentiel dans le maintien du secret et de la confidentialité de diverses communications militaires et de renseignement. Parmi ces dispositifs cryptographiques moins connus, on peut citer la machine japonaise PURPLE, également connue sous le nom de machine à chiffrer de type B. Développée par le Japon dans les années 1930, la machine PURPLE utilisait un système unique basé sur un rotor, similaire à l'Enigma, et a réussi à crypter des messages diplomatiques sensibles. Sa complexité représentait un formidable défi pour les décrypteurs alliés. la machine allemande Lorenz SZ40/42, connue sous le nom de Tunny par les décrypteurs britanniques, était une machine de chiffrement par téléimprimeur sophistiquée utilisée par le haut commandement allemand. Sa complexité rivalisait avec celle d'Enigma et représentait un défi de taille pour la cryptanalyse.

Les machines à chiffrer Hagelin, principalement la C-36 et la M-209, ont été largement utilisées par les forces américaines et alliées pour le chiffrement sur le terrain. La nature portable et robuste des machines Hagelin les a rendues indispensables pour sécuriser les communications tactiques sur le champ de bataille. Ces machines ont non seulement démontré la diversité des techniques cryptographiques employées pendant la guerre, mais elles ont également mis en lumière la course aux armements permanente entre les adversaires en matière de technologies de décryptage et de cryptage. Comprendre l'existence et l'impact de ces autres dispositifs cryptographiques nous permet de mieux apprécier la multidimensionnalité et la complexité de la cryptologie en temps de guerre. Au-delà de l'ombre de la machine Enigma, ces dispositifs ont contribué de manière significative à l'évolution de l'histoire de la cryptographie pendant la Seconde Guerre mondiale et à son héritage durable dans le domaine de la sécurité de l'information.

Cryptanalyse : La science et l'art

La cryptanalyse, terme dérivé des mots grecs "krypto" pour "caché" et "analyse" pour "examiner", est la science et l'art complexes du déchiffrement des codes secrets et des codes chiffrés. Dans le contexte de la Seconde Guerre mondiale, la cryptanalyse a joué un rôle crucial en démêlant les communications clandestines des forces ennemies, fournissant ainsi des renseignements inestimables aux puissances alliées. Cette discipline complexe implique un amalgame de prouesses mathématiques, d'acuité linguistique et d'une compréhension astucieuse des modèles et des probabilités. Les cryptanalystes examinaient méticuleusement les cryptages interceptés, cherchant à identifier les faiblesses ou les éléments exploitables dans les systèmes cryptographiques utilisés par les adversaires. La tâche ardue de la cryptanalyse exigeait un niveau extraordinaire de rigueur intellectuelle, de persévérance et de détermination pure et simple. Elle exigeait des esprits brillants capables de démêler les complexités des messages cryptés, souvent dans des délais très courts et dans un contexte de pressions incessantes en temps de guerre.

La cryptanalyse n'était pas seulement une pratique réactionnaire, mais aussi un effort proactif, impliquant le développement de techniques et de technologies innovantes pour prendre l'avantage dans la guerre du renseignement. Les succès remportés dans le domaine de la cryptanalyse ont permis des percées décisives, conférant aux forces alliées des avantages stratégiques inestimables. Le déchiffrage des codes et des algorithmes de chiffrement de l'ennemi a révélé des informations cruciales sur les mouvements de troupes, les opérations navales et les plans clandestins, influençant de manière significative la trajectoire des principaux engagements militaires. Grâce aux efforts dévoués des cryptanalystes, le brouillard du secret entourant les communications ennemies a été percé, ce qui a permis de comprendre en profondeur les intentions et les capacités de l'ennemi. Le voile énigmatique du secret cryptographique a été levé grâce aux efforts méticuleux de ces héros méconnus, dont les contributions restent inscrites dans les annales de l'histoire. Au-delà de son importance en temps de guerre, l'héritage de la cryptanalyse s'étend à la cryptographie contemporaine, jetant les bases des progrès des méthodes de cryptage et de la cybersécurité. Les leçons tirées de la cryptanalyse du passé continuent de se répercuter dans l'ère moderne, façonnant l'évolution de la communication sécurisée et de la protection de l'information. La science et l'art complexes de la cryptanalyse témoignent de l'indomptabilité de l'esprit humain, de la quête incessante de connaissances et de l'impact durable de la force d'âme intellectuelle.

Rôle de la cryptographie dans le renseignement et l'espionnage

La cryptographie a joué un rôle essentiel dans le renseignement et l'espionnage pendant et après la Seconde Guerre mondiale, influençant les résultats de missions cruciales et définissant le cours de l'histoire. Dans le monde clandestin des jeux d'espionnage, la cryptographie est apparue comme un outil essentiel pour coder les informations sensibles, les communications et les plans stratégiques. L'utilisation de techniques cryptographiques a permis aux agences de renseignement de protéger leurs transmissions contre l'interception par des forces hostiles, garantissant ainsi la confidentialité et la sécurité des données sensibles. L'utilisation du cryptage dans l'espionnage a permis aux agents de relayer des informations critiques sans crainte d'interception, sauvegardant ainsi l'intégrité d'informations cruciales.

La cryptanalyse, qui consiste à déchiffrer les codes et les codes chiffrés, est devenue la pierre angulaire des opérations de renseignement, fournissant aux agences les moyens de déchiffrer les communications interceptées et de décoder les messages chiffrés envoyés par les adversaires. Cette pratique de la cryptanalyse a considérablement influencé l'issue de diverses opérations secrètes, en améliorant la capacité des services de renseignement à recueillir et à interpréter des informations précieuses. le rôle de la cryptographie dans l'espionnage ne s'est pas limité à la sécurisation des communications ; il a également englobé le développement de méthodes de communication secrètes, telles que l'utilisation de signaux codés et de messages déguisés pour transmettre des instructions et des directives secrètes. Ces tactiques de communication clandestine se sont avérées essentielles pour orchestrer des opérations secrètes et mener des missions d'infiltration, permettant aux agents de renseignement de diffuser des informations vitales tout en minimisant le risque d'exposition.

Durant la guerre froide, la cryptographie a continué à occuper une place prépondérante dans le domaine de l'espionnage, les deux superpuissances rivales intensifiant leurs efforts pour développer des technologies de cryptage sophistiquées afin de protéger leurs communications classifiées. Cette époque a été marquée par un essor sans précédent des activités d'espionnage, la cryptographie servant de pivot à la collecte et à la diffusion de renseignements secrets.

L'interaction entre la cryptographie et le renseignement a mis en évidence les dilemmes éthiques et moraux associés aux opérations secrètes, soulevant des questions sur les limites de la surveillance et les implications de l'utilisation du cryptage pour le secret et la manipulation. Par conséquent, le rôle de la cryptographie dans le renseignement et l'espionnage reste un sujet passionnant d'importance historique, qui met en lumière les interconnexions complexes entre la technologie, le secret et le pouvoir dans le domaine de l'espionnage mondial.

Le transfert de technologie : De la guerre à la guerre froide

Alors que la Seconde Guerre mondiale touchait à sa fin, une guerre d'un genre différent émergeait : la guerre froide. Les innovations technologiques et les progrès de la cryptographie réalisés pendant la guerre ne sont pas tombés en désuétude, mais sont devenus des instruments essentiels dans l'escalade du conflit entre les superpuissances. Le transfert de technologie du champ de bataille au domaine de l'espionnage a marqué un profond changement dans le paysage de la dynamique du pouvoir mondial. Le déploiement clandestin des techniques cryptographiques exploitées pendant la guerre a donné lieu à une course aux armements secrète, où l'information, plutôt que l'armement traditionnel, est devenue le principal champ de bataille. Les États-Unis et l'Union soviétique ont cherché à exploiter les secrets de la cryptologie en temps de guerre, afin de prendre l'avantage sur l'un sur l'autre dans le jeu complexe de la collecte de renseignements et de la surveillance.

L'alliance entre les alliés pendant la guerre a fait place à la suspicion et à l'animosité dans l'après-guerre, ce qui a entraîné l'appropriation de technologies qui avaient été partagées dans un esprit d'intérêt commun. Ce transfert d'expertise et d'équipements cryptographiques a modifié la nature des relations internationales, entraînant le développement de systèmes élaborés dédiés à l'interception, au déchiffrement et au cryptage des communications sensibles. L'expertise acquise pendant la guerre a jeté les bases de la création de vastes agences de renseignement et de réseaux de surveillance, étayant les stratégies de la CIA et du KGB, qui ont joué un rôle déterminant dans l'évolution de l'histoire lors de la période de la guerre froide.

La prolifération des connaissances et des pratiques cryptologiques ne s'est pas limitée aux agences gouvernementales. À mesure que le secteur privé capitalisait sur les opportunités offertes par le domaine florissant de la cryptographie, une nouvelle dimension de la concurrence et de l'innovation est apparue. L'implication des entreprises de défense, des instituts de recherche et des universités dans l'évolution des technologies cryptographiques a brouillé les frontières entre les intérêts militaires et civils, donnant naissance à un réseau complexe de collaboration et de rivalité. Les répercussions de cette diffusion ont dépassé les limites de la sécurité nationale et ont imprégné diverses facettes de la société, de la finance et du commerce à la question fondamentale de la vie privée. L'interaction entre le transfert de technologie et ses impacts sociétaux plus larges a entraîné un changement de paradigme, les outils de guerre trouvant de nouvelles applications dans le domaine de la gestion et du contrôle de l'information.

Essentiellement, la transition de la technologie cryptographique des théâtres de guerre aux couloirs des intrigues politiques a semé les graines d'une nouvelle ère pleine d'ambiguïté et de tension. L'héritage de ce transfert se répercute dans les annales de l'histoire, résonnant des échos persistants du secret, de la surveillance et de l'équilibre précaire du pouvoir.

Implications éthiques et morales de la cryptographie

L'évolution de la cryptographie en temps de guerre a indéniablement redéfini le paysage éthique et moral du renseignement militaire et de la sécurité nationale. Au fur et à mesure que les techniques de cryptanalyse progressaient et que les opérations clandestines devenaient plus sophistiquées, les implications éthiques de l'utilisation des communications cryptées et des efforts de décryptage ont été au premier plan de la prise de décision stratégique. Le discours éthique englobe une myriade de considérations, y compris les questions de vie privée, de consentement éclairé, de protection des données et les implications de l'exploitation des communications ennemies interceptées. Tout au long de l'histoire, les activités cryptographiques ont posé un problème de taille : il s'agissait de trouver un équilibre entre la nécessité de sécuriser les informations classifiées et la responsabilité éthique plus large en matière de transparence et d'obligation de rendre des comptes. Le principal dilemme consistait à déterminer dans quelle mesure les communications cryptées pouvaient être interceptées, déchiffrées et exploitées sans compromettre les normes éthiques fondamentales et les droits de l'homme.

L'orchestration d'opérations secrètes de renseignement et la diffusion de renseignements cryptographiques sensibles ont soulevé des questions essentielles sur les limites éthiques de la surveillance gouvernementale, les libertés individuelles et l'impact sur les populations civiles. Une autre dimension cruciale du discours éthique tournait autour de la double nature des progrès de la cryptographie. Si les percées cryptographiques ont incontestablement renforcé la sécurité nationale et les opérations de renseignement, elles ont également alimenté les débats sur leur utilisation abusive potentielle et leurs implications pour les populations non combattantes. Les délibérations sur l'utilisation éthique de la cryptologie ont donc porté sur l'interaction complexe entre l'innovation technologique, les impératifs militaires et la recherche primordiale de la responsabilité morale dans la conduite de la guerre.

Les dimensions morales de la cryptographie se sont étendues au-delà des scénarios de conflit immédiats, imprégnant les répercussions de l'après-guerre et la dynamique géopolitique. Les retombées du développement des méthodologies cryptographiques en temps de guerre ont engendré des dilemmes éthiques durables, en particulier au cours de la période de la guerre froide qui a suivi. Cette période a été marquée par une intensification des activités d'espionnage au niveau mondial, les pratiques cryptographiques jouant un rôle essentiel dans l'équilibre délicat des pouvoirs, ce qui a suscité une profonde réflexion éthique sur les ramifications du secret prolongé et du subterfuge. Par conséquent, les implications éthiques et morales liées aux activités cryptologiques ont non seulement transcendé les exigences du temps de guerre, mais ont également eu une profonde résonance dans l'ensemble des relations internationales, de la gouvernance et des droits individuels. L'analyse des énigmes éthiques de la cryptographie constitue un témoignage poignant de la dialectique perpétuelle entre le progrès technologique, la gestion éthique et les impératifs de sauvegarde des sociétés au milieu des vicissitudes des conflits géopolitiques.

Les progrès de l'après-guerre : prélude à la cryptologie moderne

Après la fin de la Seconde Guerre mondiale, le domaine de la cryptologie a connu une évolution significative vers la modernisation et l'innovation. L'après-guerre a été marquée par des avancées remarquables dans les techniques et technologies cryptographiques, ouvrant la voie à l'évolution de la cryptologie moderne. Cette période a marqué une transition fondamentale des méthodes de cryptage traditionnelles vers le développement d'algorithmes sophistiqués et d'approches informatiques. L'un des principaux développements de cette période a été l'émergence des systèmes informatiques électroniques, qui ont révolutionné la manière dont les algorithmes cryptographiques ont été conçus et mis en œuvre. L'utilisation de ces technologies de pointe a permis aux cryptanalystes et aux décrypteurs d'explorer des codes et des algorithmes complexes avec une précision et une efficacité sans précédent.

L'adoption de concepts mathématiques et d'analyses statistiques dans le domaine de la cryptanalyse a ouvert la voie à de nouvelles percées dans le déchiffrement des communications cryptées. La création d'institutions de recherche et de programmes universitaires spécialisés dans la cryptologie a joué un rôle crucial dans la promotion des échanges intellectuels et de la collaboration interdisciplinaire. Cette approche interdisciplinaire a conduit à l'intégration de divers domaines tels que les mathématiques, l'informatique et la théorie de l'information, améliorant considérablement les capacités d'analyse et les fondements théoriques des études cryptologiques. Avec l'escalade de la guerre froide, l'importance stratégique de la cryptographie s'est accrue de manière exponentielle, incitant les puissances mondiales à investir davantage dans la recherche et le développement en cryptologie. Cette époque a vu le perfectionnement continu des protocoles cryptographiques, des systèmes de gestion des clés et des mécanismes d'authentification, jetant les bases des pratiques contemporaines en matière de cybersécurité.

La prolifération des réseaux de communication numérique a mis en évidence l'importance cruciale d'une transmission sécurisée et de la protection des données, catalysant la formulation de normes et de méthodologies de cryptage robustes. Par ailleurs, l'évolution du paysage des menaces a favorisé l'évolution continue des stratégies cryptologiques et des mesures défensives, ce qui a incité à conceptualiser des cadres cryptographiques résistants aux tactiques et menaces adverses émergentes. L'après-guerre représente donc une époque transformatrice dans l'histoire de la cryptologie, annonçant l'aube des paradigmes cryptographiques modernes et servant de catalyseur à la prolifération des applications cryptographiques dans divers domaines, notamment l'armée, le renseignement, la finance et la cybersécurité.

Conclusion : Le secret et l'équilibre des pouvoirs

La relation entre le secret et l'équilibre des pouvoirs en temps de guerre et au-delà est un sujet complexe et multiforme qui continue de façonner la dynamique mondiale. L'impact de la cryptologie sur l'issue de la Seconde Guerre mondiale et les événements géopolitiques ultérieurs ne peut être surestimé. La capacité à protéger les informations sensibles sur le site et à intercepter les communications ennemies a joué un rôle déterminant dans le cours de l'histoire, soulignant l'importance de maintenir des capacités supérieures dans le domaine de la cryptographie. L'après-guerre a été marquée par une transition importante, les progrès technologiques et l'évolution de la nature des conflits ayant stimulé le développement de la cryptologie moderne. Il est devenu évident que les nations et les agences de renseignement du monde entier ont reconnu qu'il était indispensable de sécuriser leurs communications et leurs données contre les menaces extérieures, ce qui a conduit à une ère de concurrence et de surveillance secrètes.

Au fur et à mesure de l'évolution des méthodes cryptographiques, les implications éthiques et morales liées à la protection de la vie privée, à la surveillance et au risque d'abus de pouvoir, sont apparues au premier plan. L'équilibre délicat entre les préoccupations de sécurité nationale et les droits individuels à la vie privée est devenu un point central du discours contemporain, avec des débats permanents sur les compromis entre les mesures de sécurité et les libertés civiles. La prolifération des communications numériques et l'interconnexion des sociétés modernes ont encore renforcé l'importance de la cryptographie dans la protection des informations critiques contre les acteurs malveillants, soulignant sa pertinence durable à l'ère numérique.

En outre, le paysage mondial continue d'assister au déploiement d'algorithmes de chiffrement avancés et à l'émergence de la cryptographie quantique, ce qui pose de nouveaux défis et ouvre de nouvelles perspectives dans le domaine de la sécurité de l'information et de la collecte de renseignements. En fin de compte, l'héritage de la cryptologie en temps de guerre reste un témoignage de l'influence durable du secret sur l'équilibre du pouvoir, offrant un aperçu précieux de l'interaction complexe entre l'innovation technologique, les considérations éthiques et la préservation des intérêts nationaux.

11

La main invisible

La technologie nazie et la guerre froide

La poursuite de la guerre par d'autres moyens

La fin de la Seconde Guerre mondiale a marqué un tournant dans la dynamique mondiale, les vainqueurs et les vaincus passant rapidement d'un conflit ouvert à la lutte secrète de la guerre froide. Si la cessation des hostilités a marqué le début d'une ère de diplomatie tendue, d'antagonisme idéologique et de rivalité entre les superpuissances, elle a également annoncé une nouvelle phase de la compétition : celle de l'innovation scientifique, des prouesses technologiques et de l'espionnage stratégique. Le paysage de l'après-guerre a vu le formidable éventail d'inventions et d'expertise du temps de guerre être réaffecté à des opérations clandestines, au renforcement de la défense et à des recherches à caractère idéologique. Cette période a été marquée par un profond remaniement des industries technologiques, des établissements militaires et des agences de renseignement, qui ont pivoté pour faire face à un adversaire insaisissable et indistinct. Les échos de la guerre ont résonné sous la forme d'espionnage industriel, de transfert d'expertise et d'utilisation d'actifs ennemis capturés afin d'acquérir un avantage concurrentiel dans l'arène de la guerre froide. L'émergence d'un front parallèle - un théâtre silencieux et invisible de subterfuges et d'ingéniosité - a été alimentée par l'héritage des percées scientifiques de la Seconde Guerre mondiale.

L'imbrication des progrès technologiques et des champs de bataille idéologiques a abouti à une course mondiale visant à exploiter les innovations les plus puissantes pour obtenir un avantage stratégique, transformant ainsi la guerre en un concours multidimensionnel d'intellect, de créativité et de mobilisation. À ce titre, il est impératif d'explorer la genèse et la trajectoire de cette transition entre le développement technologique de la Seconde Guerre mondiale et ses applications pendant la guerre froide pour comprendre l'interaction complexe entre l'histoire, l'idéologie et le progrès. La tapisserie entrelacée du développement scientifique et de l'idéologie politique au cours de cette période a non seulement redéfini la nature de la guerre, mais a également catalysé des avancées sans précédent qui continuent à façonner notre monde aujourd'hui.

Espionnage technologique : Le transfert de technologie Est-Ouest

La période qui a suivi la Seconde Guerre mondiale a été marquée par l'intensification de l'espionnage technologique entre l'Est et l'Ouest. En pleine guerre froide naissante, l'Union soviétique et les États-Unis ont cherché à prendre l'avantage en acquérant des technologies de pointe par des moyens clandestins. Cette quête stratégique d'innovation a conduit au transfert clandestin de connaissances scientifiques, de résultats de recherche et même de scientifiques nazis capturés d'un hémisphère à l'autre. Le réseau complexe d'opérations d'espionnage et d'échanges clandestins d'informations a considérablement façonné le paysage géopolitique de l'après-guerre. Les deux superpuissances se sont engagées dans des guerres non conventionnelles où les connaissances scientifiques et les avancées technologiques étaient convoitées comme des outils essentiels pour parvenir à une domination stratégique. Craignant d'être distancées dans la course mondiale aux armements, les deux parties ont utilisé de vastes réseaux d'espions, d'informateurs et d'agents de renseignement pour recueillir des données essentielles sur les progrès de l'ingénierie aérospatiale, de la technologie nucléaire, des systèmes de communication et bien d'autres choses encore. Le niveau de secret sans précédent entourant ces opérations a accru les tensions entre l'Est et l'Ouest, soulignant l'impact transformateur de l'espionnage technologique sur les relations internationales. Les ramifications de cette époque continuent de se répercuter dans les discussions contemporaines sur la sécurité nationale et l'éthique de l'appropriation technologique.

Le rôle des scientifiques nazis capturés dans la R&D soviétique et américaine

Après la fin de la Seconde Guerre mondiale, le sort des scientifiques allemands capturés est devenu un facteur crucial dans la dynamique du pouvoir d'après-guerre entre les États-Unis et l'Union soviétique. Les forces alliées victorieuses ont rapidement lancé l'opération Paperclip, une entreprise secrète visant à recruter d'éminents scientifiques, ingénieurs et techniciens du Troisième Reich vaincu. Ces personnes possédaient des connaissances et une expertise inestimables dans des domaines tels que la fuséologie, l'aéronautique et l'armement, jugés essentiels pour les stratégies militaires de la guerre froide, qui évoluaient rapidement. Les États-Unis, sous la direction d'agences telles que l'Office of Strategic Services (OSS) et plus tard la Central Intelligence Agency (CIA), ont lancé un vaste programme visant à identifier, transporter et assimiler les meilleurs scientifiques allemands dans leur propre infrastructure de recherche et de développement. L'une des figures les plus remarquables de cette initiative est Wernher von Braun, le célèbre spécialiste de la fusée V-2, qui jouera par la suite un rôle essentiel dans le programme spatial américain.

De même, l'Union soviétique a saisi l'occasion d'acquérir l'expertise scientifique allemande par le biais d'initiatives reflétant les efforts américains. Par le biais d'opérations telles que Osoaviakhim et Alsos, l'Union soviétique a agressivement recherché des scientifiques et des ressources allemandes pour faire progresser ses propres capacités technologiques et militaires, jetant ainsi les bases de la future course à l'espace et des avancées dans le domaine de l'ingénierie nucléaire. L'impact de ces scientifiques allemands capturés sur les initiatives de R&D respectives des États-Unis et de l'Union soviétique ne peut être surestimé. Leurs contributions ont non seulement accéléré le développement de systèmes d'armes et de technologies aérospatiales de pointe, mais elles ont également remodelé le paysage géopolitique en renforçant les capacités stratégiques des deux superpuissances.

La fusion de l'expertise allemande avec les ressources et les ambitions des États-Unis et de l'URSS a ouvert la voie à des progrès sans précédent dans des domaines tels que la technologie des missiles, l'aviation et les opérations de renseignement. Cependant, l'implication d'anciens scientifiques nazis dans les activités d'après-guerre des États-Unis et de l'URSS soulève des questions éthiques et idéologiques complexes. Si leurs connaissances ont indubitablement permis des avancées technologiques, elles ont également symbolisé une collaboration moralement contestable avec des individus complices des atrocités commises par le régime nazi. Ce dilemme continue de susciter des débats sur les compromis éthiques faits dans la poursuite de la suprématie scientifique et militaire au cours des premières années de la guerre froide.

Rétrospectivement, l'empreinte des scientifiques nazis capturés sur l'ère de la guerre froide montre l'interaction complexe entre les prouesses scientifiques, les machinations politiques et les considérations éthiques. Leur influence s'est répercutée sur l'histoire, façonnant la trajectoire de la dynamique du pouvoir mondial et du progrès technologique d'une manière qui continue de résonner dans les discussions contemporaines sur l'héritage de la guerre et de l'innovation.

La fusée et la course aux armements des missiles balistiques intercontinentaux

À l'époque de la guerre froide, la fusée a joué un rôle déterminant dans l'évolution du paysage géopolitique. Le développement de la technologie des missiles à longue portée a donné lieu à une féroce course aux armements entre les États-Unis et l'Union soviétique, qui a culminé avec le déploiement des missiles balistiques intercontinentaux (ICBM). Ici, nous examinons le rôle central de la fusée dans l'escalade des tensions et les manœuvres stratégiques entre les deux superpuissances.

Au lendemain de la Seconde Guerre mondiale, les États-Unis et l'Union soviétique ont cherché activement des moyens d'exploiter l'expertise des scientifiques nazis capturés, en particulier ceux qui possédaient des connaissances sur les systèmes avancés de propulsion des fusées. Sous la direction de personnalités de renom telles que Wernher von Braun et Sergei Korolev, ces nations ont canalisé leurs ressources dans le développement de missiles balistiques à longue portée capables de transporter des ogives nucléaires d'un continent à l'autre.

Le lancement réussi du R-7 Semyorka soviétique, le premier ICBM au monde, en 1957, a provoqué une onde de choc dans le monde entier et a marqué un changement important dans la dynamique de la guerre et de la dissuasion. En réaction, les États-Unis ont accéléré leurs efforts pour perfectionner la technologie des missiles, ce qui a conduit au développement et au déploiement des séries Atlas et Titan de missiles balistiques intercontinentaux (ICBM), établissant ainsi une parité en termes de capacités. La course à la miniaturisation des têtes nucléaires destinées à être lancées sur ces missiles balistiques a ensuite donné lieu à un rythme de progrès technologique sans précédent. La recherche d'une plus grande portée, mais aussi d'une plus grande précision, d'une plus grande fiabilité et d'une plus grande capacité d'emport a stimulé la recherche et l'innovation dans des domaines allant de la science des matériaux et de l'aérodynamique aux systèmes de guidage et de contrôle.

L'importance stratégique des ICBM s'est étendue au-delà de leur potentiel destructeur, car ils ont profondément influencé la politique mondiale et les doctrines militaires. Le concept de destruction mutuelle assurée (MAD) est apparu, étayé par la menace crédible de représailles dévastatrices en cas de frappe nucléaire. Ces arsenaux de missiles intercontinentaux sont donc devenus la pierre angulaire des stratégies de dissuasion américaines et soviétiques, influençant les négociations diplomatiques et les tactiques de gestion des crises.

L'évolution constante de la technologie des missiles et la nécessité mutuelle de contrer l'avantage de l'adversaire ont favorisé un cycle perpétuel de progrès et de développement de contre-mesures. Cela a perpétué un équilibre délicat des forces qui a fortement influencé les relations internationales et la sécurité mondiale pendant des décennies.

En somme, la course aux armements autour des fusées et des missiles balistiques intercontinentaux pendant la guerre froide n'a pas seulement illustré l'apogée des prouesses technologiques, elle a également mis en évidence le spectre effrayant d'un conflit catastrophique. L'héritage de cette période résonne dans les efforts actuels visant à gérer et à atténuer la prolifération des systèmes de missiles avancés, soulignant ainsi l'impact durable de la fusée sur les affaires internationales et la stabilité stratégique.

La technologie de la guerre sous-marine et les stratégies navales de la guerre froide

La guerre froide a été caractérisée par un face-à-face naval tendu entre les superpuissances, la technologie et les stratégies de guerre sous-marine jouant un rôle essentiel dans la dynamique de cette époque. Les États-Unis et l'Union soviétique ont tous deux investi massivement dans le développement de flottes sous-marines avancées afin de conserver leur avantage stratégique et leur capacité de dissuasion. Les sous-marins sont devenus un outil essentiel pour la collecte secrète de renseignements et la dissuasion stratégique pendant la guerre froide. Le développement de sous-marins à propulsion nucléaire, tels que l'USS Nautilus et le K-3 Leninskiy Komsomol soviétique, a révolutionné la guerre sous-marine en permettant d'opérer sous l'eau pendant de longues périodes sans avoir à remonter à la surface.

Ces progrès ont transformé les sous-marins, de simples navires de guerre, en plateformes indétectables à partir desquelles ils peuvent lancer des missiles balistiques, étendant ainsi la portée des arsenaux nucléaires sous les vagues. Le déploiement de sous-marins lanceurs d'engins (SSBN) armés de missiles balistiques intercontinentaux (ICBM) a constitué un tournant important dans la guerre sous-marine. Cette évolution a posé un nouveau défi aux stratèges de la guerre froide, car les SNLE patrouillaient sans être détectés sous la surface de l'océan, faisant preuve d'une furtivité et d'une capacité de survie sans précédent. Le jeu constant du chat et de la souris entre les chasseurs de sous-marins et leur proie insaisissable a déclenché une course à l'armement technologique dans le domaine de la lutte anti-sous-marine, qui a engendré des technologies sonar innovantes et à des tactiques de lutte anti-sous-marine sophistiquées. Les stratégies navales ont évolué pour intégrer les opérations sous-marines dans des considérations géopolitiques plus larges. Les missiles balistiques lancés par des sous-marins (SLBM) ont constitué un élément essentiel de la doctrine de la destruction mutuelle assurée (MAD), renforçant la crédibilité de la dissuasion nucléaire en offrant une capacité de seconde frappe survivable.

La capacité des sous-marins à rester cachés dans les eaux lointaines constituait un puissant moyen de projection, de puissance et de gestion des crises, façonnant les stratégies maritimes dans les points chauds du globe. Pour faire face à la menace croissante des sous-marins soviétiques, la marine américaine a poursuivi le déploiement avancé de sous-marins chasseurs-tueurs, chargés de repérer et de neutraliser les sous-marins adverses potentiels. Parallèlement, l'Union soviétique a cherché à développer sa flotte de sous-marins en mettant l'accent sur les systèmes de propulsion silencieux et sur l'amélioration des techniques d'insonorisation pour contrer les capacités de détection occidentales.

En somme, la technologie de la guerre sous-marine et les stratégies navales de la guerre froide illustrent non seulement les prouesses technologiques des superpuissances, mais soulignent également le rôle essentiel que la guerre sous-marine a joué dans le façonnement des relations internationales. La nature clandestine des opérations sous-marines et la recherche constante de la supériorité technologique ont contribué à un aspect dramatique et souvent négligé de la dimension maritime de la guerre froide.

L'influence des systèmes de communication nazis sur les tactiques de la guerre froide

Les lendemains de la Seconde Guerre mondiale ont marqué le début d'une ère définie par la rivalité entre les États-Unis et l'Union soviétique : la guerre froide. Alors que les deux superpuissances recherchaient la supériorité technologique pour acquérir un avantage stratégique, l'influence des systèmes de communication nazis est apparue comme un facteur important dans l'évolution des tactiques de la guerre froide. Les nazis avaient mis au point des technologies de communication avancées, notamment des transmissions radio cryptées et des systèmes de télécommunication sécurisés, qui présentaient un immense potentiel d'application militaire. Après la guerre, ces technologies sont devenues des biens convoités, alimentant une course clandestine pour leur acquisition et leur adaptation à la guerre moderne. L'une des influences les plus notables a été la machine Enigma, un dispositif de chiffrement utilisé par les nazis pour crypter leurs communications. Sa complexité cryptographique a représenté un défi de taille pour les décrypteurs alliés pendant la Seconde Guerre mondiale et est restée un objet d'intrigue dans l'après-guerre. Les États-Unis et l'Union soviétique se sont efforcés d'exploiter les principes sous-jacents à la machine Enigma pour leurs propres opérations de renseignement.

En conséquence, les progrès de la cryptanalyse et le développement de méthodes de cryptage sophistiquées ont été favorisés par la recherche du décodage et de l'émulation des mécanismes de sécurité utilisés par les nazis. l'héritage des systèmes de communication nazis s'est manifesté dans la formulation de réseaux de communication sécurisés et résistants, conçus pour supporter les rigueurs de la guerre moderne. L'infrastructure complexe et robuste mise en place par les nazis a servi de modèle pour l'établissement de communications militaires sécurisées capables de relever les défis posés par la guerre électronique et l'espionnage.

L'intégration de la technologie de communication sans fil, comme le démontrent les progrès des appareils radio portables et des transmissions vocales cryptées, témoigne de l'impact durable de l'innovation nazie sur l'évolution des systèmes de communication à l'époque de la guerre froide. Par ailleurs, l'utilisation du renseignement d'origine électromagnétique, ou SIGINT, dérivé de l'expertise nazie en matière d'interception et de déchiffrage des communications ennemies, est devenue la pierre angulaire des opérations d'espionnage et de reconnaissance de la guerre froide. Les stratégies de contre-mesures électroniques, de brouillage et de déception, toutes fondées sur la compréhension des méthodes de communication nazies, sont devenues des outils essentiels dans l'arsenal des agences de renseignement du bloc de l'Ouest et du bloc de l'Est. Les connaissances acquises grâce à l'étude des pratiques de communication nazies ont permis d'affiner les capacités de SIGINT afin de surveiller les adversaires et de protéger les informations vitales pour la sécurité nationale.

En somme, l'influence omniprésente des systèmes de communication nazis sur les tactiques de la guerre froide souligne l'impact durable des développements technologiques en temps de guerre sur le paysage géopolitique ultérieur. En exploitant et en adaptant les innovations du passé, les nations engagées dans la guerre froide ont perpétué un héritage d'ingéniosité englobant le cryptage, la communication sans fil et le renseignement par signaux, redessinant ainsi les contours de la guerre et de l'espionnage modernes.

Les progrès de l'aviation : Du ME 262 au SR-71 Blackbird

Alors que le monde passait de la dévastation de la Seconde Guerre mondiale aux tensions de la guerre froide, la technologie de l'aviation nazie continuait d'influencer et de façonner la trajectoire de la guerre aérienne. Le Messerschmitt Me 262, premier avion de chasse à réaction opérationnel au monde, a révolutionné les combats aériens grâce à sa vitesse et à son agilité redoutables. Son impact sur l'aviation d'après-guerre a été profond, car les États-Unis et l'Union soviétique ont cherché à tirer parti de ses avancées technologiques. Cette époque a vu une course au développement d'avions plus rapides, plus maniables et indétectables, reflétant la nature évolutive de la guerre aérienne. Les décennies suivantes ont vu l'émergence d'avions de pointe qui ont repoussé les limites du vol et de la reconnaissance. Aux États-Unis, le développement du Lockheed A-12, précurseur de l'emblématique SR-71 Blackbird, a représenté un bond en avant dans les capacités de reconnaissance à haute altitude et à grande vitesse. Sa conception élégante et son ingénierie de pointe lui ont permis de s'élever à des vitesses sans précédent, le rendant virtuellement intouchable par les défenses ennemies. Le SR-71 Blackbird est devenu synonyme de furtivité et de précision, incarnant le summum de la technologie aéronautique de la guerre froide.

Simultanément, de l'autre côté du rideau de fer, l'Union soviétique a poursuivi ses propres avancées dans le domaine de l'aviation, afin de contrer les prouesses technologiques de l'Occident. Le Sukhoi Su-27 Flanker, un avion de combat agile et polyvalent, illustre l'engagement soviétique à développer des avions compétitifs. La supériorité aérienne devenant un objectif clé pour les deux superpuissances, la course à la domination du ciel s'est intensifiée, entraînant une série de percées technologiques qui ont redéfini les paramètres de la guerre aérienne. L'héritage de la technologie aéronautique nazie s'est étendu bien au-delà des conflits de l'époque, influençant les principes de conception et les perspectives stratégiques des générations suivantes d'aéronefs. Les connaissances et l'expertise acquises auprès des adversaires en temps de guerre ont jeté les bases d'avancées sans précédent dans le domaine de l'ingénierie aérospatiale, façonnant le paysage idéologique et tactique de la guerre froide. L'interaction entre les héritages historiques et les innovations contemporaines a souligné le rôle central de l'aviation dans la lutte pour la suprématie mondiale. De l'esprit pionnier du Me 262 à la furtivité et à la précision du SR-71 Blackbird, le parcours des progrès de l'aviation a marqué un chapitre essentiel dans les annales de l'histoire militaire et technologique.

La guerre psychologique : Les techniques de propagande redéveloppées

À l'époque de la guerre froide, la réapparition de la guerre psychologique et de la propagande est devenue un élément essentiel de la lutte géopolitique entre les États-Unis et l'Union soviétique. Les deux superpuissances ont rapidement reconnu le pouvoir d'influencer l'opinion publique et de façonner les perceptions tant au niveau national qu'international. L'utilisation des techniques de propagande a évolué pour exploiter les médias, la culture et les canaux de communication modernes afin d'atteindre des objectifs stratégiques. Tirant les leçons de l'utilisation efficace de la propagande par l'Allemagne nazie, les deux camps ont cherché à exploiter des tactiques similaires pour manipuler l'opinion publique et faire avancer leurs programmes idéologiques.

Un aspect frappant de cette évolution a été l'intégration de la technologie dans les efforts de propagande. Les médias ont joué un rôle crucial dans la diffusion de messages soigneusement élaborés auprès de publics cibles à l'échelle mondiale. Les presses à imprimer ultramodernes, la radiodiffusion et, plus tard, la télévision et le cinéma ont été mis à contribution pour mener une guerre de l'information. L'émergence de technologies de communication innovantes a permis la transmission rapide de récits sur mesure afin d'influencer les opinions internationales et d'affaiblir les adversaires.

Par ailleurs, le lancement de programmes clandestins destinés à infiltrer et à manipuler les médias étrangers a marqué une nouvelle page dans la guerre psychologique. Ces opérations s'appuient sur des techniques sophistiquées pour semer la désinformation, provoquer des troubles et discréditer des factions rivales tout en soutenant des alliances amicales. La diffusion clandestine de faux récits et de documents falsifiés a servi d'instruments pour façonner le discours public, éroder la confiance dans les institutions et influencer le cours des événements dans les pays cibles. Ce jeu stratégique de manipulation narrative a eu de profondes répercussions sur l'équilibre des pouvoirs pendant la guerre froide. Outre la propagande traditionnelle, les initiatives culturelles et les opérations psychologiques ont été intégrées pour servir les objectifs des deux superpuissances. Les échanges universitaires, les parrainages artistiques et les manifestations culturelles ont été utilisés pour projeter une image favorable de et promouvoir la supériorité idéologique. Simultanément, les services de renseignement ont cherché à subvertir les exportations et les mouvements culturels de la partie adverse, afin d'affaiblir l'unité et de provoquer la discorde interne. Cette renaissance de la guerre psychologique a remodelé le champ de bataille des idéologies, brouillant les frontières entre la guerre conventionnelle et la guerre de l'information. L'héritage des techniques de propagande redéveloppées pendant la guerre froide témoigne de l'influence durable des opérations psychologiques sur la politique mondiale et la perception du public.

La guerre économique : Tirer parti des innovations industrielles

La guerre économique à l'époque de la guerre froide a pris une nouvelle dimension avec l'exploitation stratégique des innovations industrielles issues de la technologie nazie. Alors que les nations s'affrontaient pour la suprématie dans une lutte de pouvoir mondiale, l'application de progrès de pointe dans diverses industries est devenue un moyen instrumental pour gagner et maintenir la domination économique. L'impact des innovations industrielles dérivées de la technologie nazie a non seulement façonné le paysage géopolitique, mais a également révolutionné la nature de la concurrence économique.

L'exploitation des scientifiques nazis capturés et de leur expertise innovante a inauguré une nouvelle ère où la supériorité technologique était directement liée à la puissance économique. L'infusion de l'expertise allemande dans des secteurs tels que l'aérospatiale, l'ingénierie et la médecine a favorisé le développement de technologies révolutionnaires qui allaient redéfinir des secteurs entiers. Les retombées technologiques résultant de cette infusion ont déclenché une période de progrès et d'innovation rapides, modifiant fondamentalement la hiérarchie économique internationale.

Par ailleurs, l'utilisation efficace des innovations industrielles a constitué un formidable outil pour démanteler la force économique des adversaires. Les nations ont stratégiquement déployé ces avancées pour soutenir leurs propres industries tout en diluant les capacités économiques des puissances rivales. Cette manipulation des prouesses technologiques a non seulement bouleversé les paradigmes économiques traditionnels, mais a également exercé une influence considérable sur les stratégies diplomatiques et militaires, renforçant l'interdépendance du pouvoir économique et géopolitique dans le monde de l'après-guerre.

L'utilisation des innovations industrielles issues de la technologie nazie a conduit à l'établissement de relations symbiotiques entre l'industrie et le gouvernement, brouillant les frontières entre l'entreprise privée et l'intérêt national. Cette fusion a abouti à la formation de puissants complexes économico-militaires qui ont exercé une influence sans précédent sur les affaires nationales et internationales. L'empreinte indélébile des avancées technologiques nazies sur cette relation symbiotique a incité à réévaluer le rôle des institutions industrielles dans le tissu de la dynamique des États-nations, galvanisant un changement dans l'ordre économique mondial.

En somme, le déploiement stratégique d'innovations industrielles dérivées de la technologie nazie constitue un chapitre essentiel de l'histoire de la guerre économique pendant la guerre froide. L'utilisation de ces avancées a modifié la trajectoire de la concurrence économique mondiale, redéfini les paramètres de la puissance nationale et catalysé une métamorphose de la relation entre la technologie, l'industrie et l'art de gouverner. La compréhension de l'interaction complexe entre les prouesses technologiques et la suprématie économique permet de mieux comprendre les multiples facettes de la géopolitique de la guerre froide et de mettre en lumière l'héritage durable de la technologie nazie sur la scène économique mondiale.

Conclusion : Le double héritage de la technologie nazie dans le contexte de la guerre froide

L'héritage entrelacé de la technologie nazie dans le contexte de la guerre froide est complexe et multiforme. Alors que le monde passait de la dévastation de la Seconde Guerre mondiale à l'impasse politique et militaire de la guerre froide, les vestiges des prouesses technologiques nazies ont continué à façonner la trajectoire de la dynamique du pouvoir mondial. Ce chapitre a épluché les couches de l'histoire pour révéler comment les innovations industrielles nées du sombre creuset de l'Allemagne nazie ont laissé une marque indélébile sur le paysage des conflits, de l'espionnage et de la concurrence entre les États-Unis et l'Union soviétique. Avec un double héritage qui a profondément influencé les développements technologiques, militaires et politiques de la période, l'importance de la technologie nazie ne peut être surestimée.

D'une part, l'ère de la guerre froide a vu la poursuite et l'évolution des stratégies de guerre économique lancées par l'Allemagne nazie. Des technologies telles que l'armement de pointe, l'ingénierie aérospatiale et les systèmes de communication ont été réutilisées et exploitées pour obtenir des avantages stratégiques et affirmer leur domination dans le nouvel ordre mondial bipolaire. Les fruits des innovations industrielles nazies ont été récupérés par les blocs de l'Ouest et de l'Est, influençant considérablement la course aux armements, les stratégies navales, les progrès de l'aviation et les opérations de renseignement.

D'autre part, l'héritage entremêlé a également propagé un dilemme éthique et moral. En effet, l'utilisation de la technologie développée sous le régime nazi a soulevé des questions difficiles sur la complicité et la responsabilité. La contribution d'anciens scientifiques et ingénieurs nazis à la course à l'espace, aux programmes de missiles et aux agences de renseignement a mis en évidence la nature controversée de l'exploitation des connaissances issues d'un régime oppressif et tyrannique. Par ailleurs, l'impact psychologique de la réutilisation des techniques de propagande nazie et de l'exploitation des innovations industrielles a ajouté une nouvelle couche de complexité à ce double héritage. Au fil de la guerre froide, les implications éthiques de l'adoption de ces technologies sont devenues de plus en plus prononcées, alimentant des débats et des controverses qui ont traversé les couloirs du pouvoir.

En fin de compte, le double héritage de la technologie nazie pendant la guerre froide souligne l'interaction complexe entre l'innovation, l'éthique et la géopolitique. Il nous rappelle brutalement l'influence durable de l'histoire sur le présent et l'avenir, nous incitant à nous confronter aux complexités et aux conséquences des héritages technologiques façonnés par des époques historiques tumultueuses.

12

Les mystères de la zone 51

Réalité ou fiction ?

L'histoire de la Zone 51

Située au fin fond du désert du Nevada, la zone 51 est entourée de mystère et de controverse depuis sa création. L'histoire de ce lieu énigmatique a captivé l'imagination du public, donnant naissance à une multitude de mythes et de légendes qui ont traversé les décennies. Pour vraiment comprendre l'intrigue qui entoure la Zone 51, il est impératif de se plonger dans les origines historiques et la trajectoire évolutive des mythes et des conspirations qui sont devenus synonymes de son nom. L'idée d'une installation gouvernementale secrète engagée dans des activités clandestines a alimenté la spéculation et la fascination, perpétuant l'énigme qui entoure cet établissement hautement confidentiel.

Ne négligeons pas le rôle de la culture populaire, qui a largement contribué à la mystique de la Zone 51, en la dépeignant comme un centre de rencontres extraterrestres, d'expériences militaires ultra-secrètes et d'innovations technologiques avancées dépassant l'entendement humain. Ces récits, qu'ils soient alimentés par une curiosité sincère ou un scepticisme fervent, ont façonné le paysage culturel et la conscience collective, se manifestant dans une pléthore d'expressions artistiques, de littérature et de médias de divertissement. Alors que nous nous lançons dans une exploration des origines et de l'évolution de ces mythes persistants, il devient évident que la Zone 51 occupe une position unique à l'intersection de la spéculation, de l'intrigue et du secret gouvernemental, laissant une marque indélébile sur la tapisserie du folklore moderne et des théories de la conspiration.

Contexte historique et création

L'aura énigmatique qui entoure la Zone 51 conduit invariablement notre exploration dans les couloirs de l'histoire, à la recherche des origines et de l'objectif de ce royaume clandestin. En se plongeant dans le contexte historique, il devient évident que la création de la Zone 51 a été une réponse essentielle à l'atmosphère mondiale qui régnait à l'époque de sa conception. Issue de l'ère de la guerre froide, la Zone 51 a vu le jour dans le cadre de la quête de suprématie du gouvernement américain en matière de technologie des armes et de défense stratégique. Sa création s'explique par le besoin urgent de mener des recherches et des essais ultra-secrets sur des avions et des armes de pointe.

Alors que le monde était au bord du conflit nucléaire et que l'espionnage imprégnait les relations internationales, la Zone 51 est apparue comme un creuset secret pour l'innovation technologique et les prouesses tactiques. La nature énigmatique de sa création et de son expansion illustre la confluence des tensions politiques, de l'ambition militaire et de l'ingéniosité scientifique qui a défini l'ère de la guerre froide. Les arcanes qui entourent sa formation invitent à la spéculation et à l'intrigue, ce qui renforce l'attrait de ce domaine mystérieux.

La création de la zone 51 a une signification qui dépasse le domaine des activités militaires. Elle symbolise l'apogée de la recherche et du développement classifiés, incarnant les activités clandestines de plusieurs agences gouvernementales convergeant à l'intérieur de ses frontières. Le réseau complexe de connexions reliant la Zone 51 à des stratégies géopolitiques plus larges contribue à son statut énigmatique et favorise un récit évocateur qui résonne avec une signification historique. En démêlant la tapisserie historique de la Zone 51, on obtient de profondes indications sur l'interaction complexe entre les impératifs de sécurité nationale et le progrès scientifique, ce qui met en évidence le rôle complexe qu'elle a joué dans l'élaboration de l'ordre mondial au cours du siècle dernier.

Les prétendues rencontres extraterrestres

La notion de rencontres extraterrestres dans les environs de la zone 51 s'est profondément mêlée à son caractère mystique et énigmatique. Des rapports faisant état d'objets volants non identifiés (OVNI) et de prétendues rencontres avec des êtres venus d'autres mondes ont perpétué la légende entourant cette installation clandestine. Bien que le scepticisme puisse assombrir la véracité de ces rapports, l'attrait et la fascination pour l'idée de visites extraterrestres persistent.

Les théories du complot et les témoignages de prétendus témoins continuent d'alimenter les spéculations sur d'éventuelles dissimulations gouvernementales et sur des interactions secrètes avec des êtres évolués. L'incident présumé de Roswell en 1947, au cours duquel un OVNI se serait écrasé près de Roswell, au Nouveau-Mexique, a été étroitement lié à la zone 51, ce qui a encore amplifié son association avec les phénomènes extraterrestres. Malgré les explications officielles attribuant ces récits à des avions expérimentaux ou à des phénomènes naturels, l'attrait des rencontres extraterrestres reste un élément central du folklore de la zone 51.

Les phénomènes aériens non identifiés (PAN) documentés par des militaires et des civils ont contribué à alimenter le discours sur les prétendues activités extraterrestres. Des témoignages détaillés et des preuves vidéos ont suscité l'intérêt du public, ce qui a conduit à des appels à la transparence et à la divulgation de la part des autorités gouvernementales. Cependant, l'interaction complexe entre le secret, la sécurité nationale et la curiosité du public continue d'entourer les prétendues rencontres extraterrestres d'un voile de mystère et de controverse.

L'exploration des dimensions psychologiques et socioculturelles des rencontres extraterrestres présumées révèle leur profond impact sur l'imagination populaire et la conscience collective. Ces récits dépassent souvent les limites du raisonnement conventionnel, invitant les individus à contempler le vaste inconnu et à s'interroger sur la place de l'humanité dans le cosmos. Alors que nous nous penchons sur les complexités des revendications extraterrestres associées à la zone 51, il est impératif de naviguer à l'intersection de l'enquête scientifique, de la conjecture spéculative et de l'aspiration éternelle à des réponses qui se trouvent au-delà de notre domaine terrestre.

La technologie au-delà de l'horizon

Sortant du voile du secret qui enveloppe la zone 51, les discussions autour des prétendues avancées technologiques et des expériences menées dans son enceinte énigmatique ont perpétué la spéculation et l'intrigue. La notion de "technologie au-delà de l'horizon" résume la croyance dominante selon laquelle les innovations développées dans cette installation clandestine transcendent les limites de la compréhension conventionnelle et annoncent une nouvelle ère de réalisations scientifiques. Des rumeurs et des récits émanant de prétendus initiés, ont perpétué les affirmations selon lesquelles des systèmes de propulsion radicaux, des sources d'énergie et des compositions matérielles dépasseraient de loin les connaissances humaines actuelles. Ces prétendues percées ont également été liées à des observations de phénomènes aériens non identifiés (PAN) dans les environs de la zone 51, contribuant à l'atmosphère d'énigme et de mysticisme qui entoure ce lieu secret. La nature spéculative de ces affirmations a suscité un débat passionné entre les théoriciens de la conspiration, les sceptiques et les chercheurs, chacun s'efforçant de discerner la véracité de ces affirmations extraordinaires.

La dichotomie entre la présentation du gouvernement américain comme un bastion de la transparence et le voile de silence impénétrable qui entoure les activités de la zone 51 ne fait qu'intensifier la curiosité du public quant à ce qui se trouve au-delà des limites établies du progrès technologique. Les implications de ces avancées, si elles sont avérées, sont profondes et peuvent révolutionner des domaines allant de l'ingénierie aérospatiale à la science des matériaux et au-delà. Nous voulons ici approfondir le discours fervent et fournir un examen complet des phénomènes technologiques qui existent ostensiblement au-delà des limites perçues de l'innovation humaine.

Scientifiques nazis et expériences classifiées

L'après-guerre a vu un exode important de scientifiques, d'ingénieurs et de chercheurs allemands vers diverses parties du monde, y compris les États-Unis, dans le cadre de l'opération Paperclip. Parmi cet afflux d'esprits scientifiques se trouvaient des individus qui avaient été associés aux efforts technologiques et scientifiques de l'Allemagne nazie. Leur expertise dans des domaines tels que la fusée, l'ingénierie aérospatiale et la physique en faisait des atouts intéressants pour les programmes de renseignement et de défense en plein essor à l'époque de la guerre froide. Toutefois, le recrutement de ces personnes a soulevé des questions éthiques et morales, compte tenu de leur association avec un régime responsable d'atrocités odieuses. Nous notons donc la confluence complexe de circonstances historiques, d'acuité scientifique et d'impératifs géopolitiques qui ont conduit à la participation d'anciens scientifiques nazis à des expériences classifiées.

L'assimilation de ces experts dans les institutions scientifiques et les laboratoires de recherche militaire américains a marqué un chapitre controversé, mais influent dans les annales du développement technologique. Leurs contributions, bien qu'importantes, suscitent également une réflexion sur les considérations éthiques entourant la collaboration scientifique et les conséquences d'un alignement sur des individus liés à des actions répréhensibles. En examinant de près cette interaction complexe entre l'acquisition de connaissances, les impératifs de sécurité nationale et la délibération morale, nous parvenons à une compréhension nuancée de l'impact profond de ces scientifiques sur les expériences classifiées et sur le paysage scientifique dans son ensemble.

Le secret gouvernemental et les spéculations du public

Le secret gouvernemental entourant la Zone 51 a fait l'objet d'un débat fervent et de spéculations de la part du public pendant des décennies. Le voile de confidentialité qui recouvre cette installation énigmatique a alimenté une pléthore de théories, allant d'opérations militaires banales à des affirmations extravagantes d'engagement extraterrestre. Ce voile de secret a créé un vide dans lequel les théories de la conspiration ont germé et prospéré, souvent issues de l'imagination fertile d'individus qui cherchent à percer les mystères entourant la Zone 51. L'absence d'informations transparentes et de reconnaissance officielle de la part des autorités gouvernementales a contribué à la prolifération des spéculations les plus folles sur les activités qui se déroulent dans les limites de la Zone 51. L'absence de données concrètes a engendré de nombreuses conjectures, certains affirmant que le gouvernement dissimule des preuves de contacts extraterrestres ou d'avancées technologiques dépassant largement le cadre de l'entendement conventionnel.

La nature clandestine de la Zone 51 a alimenté les soupçons et les hypothèses sur la véritable nature des expériences menées. En l'absence d'une communication claire et ouverte de la part des agences gouvernementales, le public a été amené à construire ses propres récits pour combler le vide informationnel. Il en résulte une atmosphère de scepticisme et de méfiance, qui jette le doute sur la véracité des déclarations officielles et attise les conjectures. En conséquence, l'intention perçue du secret gouvernemental est devenue un sujet de spéculation intense dans le discours populaire, donnant lieu à des questions concernant les implications éthiques de la dissimulation d'informations au public.

De nombreux partisans de la transparence affirment que la dissimulation des activités de la zone 51 constitue une violation des principes démocratiques, en invoquant la nécessité de rendre des comptes et de faire preuve d'ouverture dans les affaires d'importance nationale. À l'inverse, les partisans de la discrétion gouvernementale font valoir la nécessité de maintenir des opérations confidentielles pour des raisons de sécurité nationale, affirmant que certaines connaissances doivent rester à l'abri de l'examen public pour sauvegarder des intérêts stratégiques. Le conflit entre la spéculation publique et la discrétion gouvernementale a perpétué un cycle durable d'intrigues et de mysticisme autour de la Zone 51. L'absence persistante de preuves concluantes n'a fait que perpétuer l'énigme, garantissant que la Zone 51 reste un point focal de spéculations alléchantes et de controverses permanentes.

Témoignages et dénonciateurs

L'aura énigmatique qui entoure la Zone 51 a suscité une pléthore de témoignages et de dénonciations, ajoutant de nouvelles couches d'intrigues à un récit déjà énigmatique. De nombreuses personnes se sont manifestées au fil des ans, affirmant avoir participé ou observé de première main des activités clandestines dans l'enceinte de cette installation militaire secrète. Ces témoignages portent souvent sur l'observation d'aéronefs non conventionnels, de phénomènes anormaux et de prétendues rencontres avec des entités d'un autre monde. Plusieurs dénonciateurs, qui seraient d'anciens employés ou des initiés de l'énigmatique installation, ont cherché à dévoiler de prétendues dissimulations du gouvernement et la vérité sur ce qu'ils pensent être une série d'expériences non conventionnelles et de développements technologiques avancés. Si certaines de ces affirmations ont été accueillies avec scepticisme et minutie, elles n'en contribuent pas moins à la tapisserie complexe de croyances et de suspicions qui entoure la Zone 51.

Un témoignage particulièrement remarquable est celui de Bob Lazar, qui a attiré l'attention sur ses affirmations concernant son travail présumé dans une base clandestine près de la zone 51, où il prétend avoir rencontré des extraterrestres et fait des recherches sur leur technologie. Malgré le scepticisme ambiant, les allégations de Lazar sont restées au cœur du débat sur la Zone 51. D'autres témoignages offrent un large éventail de récits, allant de prétendues observations d'extraterrestres et de phénomènes d'OVNI à des descriptions d'engins aériens très avancés qui défient l'entendement conventionnel.

Ces récits ont non seulement alimenté les théories de la conspiration, mais ils ont également donné lieu à de nombreuses spéculations et interprétations sensationnalistes dans la culture populaire, entraînant une prolifération de récits et d'interprétations divers concernant la véritable nature de la Zone 51 et des activités qui y sont associées. Il est essentiel d'aborder ces témoignages et ces dénonciations avec discernement, en reconnaissant l'interaction complexe de facteurs tels que la désinformation, les interprétations erronées, les influences psychologiques et les motifs potentiels de diffusion de ces récits. En évaluant de manière critique ces récits dans le contexte plus large des facteurs historiques et socioculturels, nous pouvons nous efforcer d'acquérir une compréhension plus complète de la fascination et du mystère persistants qui entourent la Zone 51.

Analyse des documents déclassifiés

En pénétrant dans le domaine énigmatique de la Zone 51, on se trouve inévitablement confronté à un labyrinthe d'activités clandestines, voilées par le secret et la spéculation. Si les témoignages et les dénonciateurs ont éclairé certains aspects de ce lieu clandestin, l'analyse des documents déclassifiés constitue une clé essentielle pour en percer les mystères. Ces documents d'une valeur inestimable, qui sortent d'un voile de confidentialité, offrent un rare aperçu de la tapisserie historique des opérations de la Zone 51. De l'époque de la guerre froide à l'époque contemporaine, ces documents sont des artefacts de l'innovation, de l'expérimentation et des programmes gouvernementaux. L'examen méticuleux de ces documents déclassifiés fait émerger un récit multidimensionnel qui invite le lecteur à s'interroger sur la véracité des théories dominantes et à découvrir la vérité qui se cache derrière la mystique. Le dévoilement de la documentation entourant la Zone 51 engendre une expédition intellectuelle, ponctuée de rapports sur les essais d'avions avancés, le développement d'armes expérimentales et les missions de reconnaissance secrètes. Par ailleurs, elle met en lumière l'interaction entre les tensions géopolitiques, les stratégies de défense et les avancées technologiques à des époques charnières de l'histoire. L'intrigue s'intensifie lorsque l'on est confronté à des segments expurgés, ce qui éveille la curiosité pour les informations sensibles dissimulées dans les annales de l'histoire classifiée.

L'examen minutieux de ces documents oblige à explorer les implications psychologiques et sociologiques inhérentes au maintien d'un tel voile de secret. il invite à contempler les dimensions éthiques de l'opacité gouvernementale et les ramifications de la dissimulation sélective de connaissances dans le domaine public. Alors que des doutes sont jetés sur le prétendu lien extraterrestre avec la Zone 51, l'analyse des documents déclassifiés alimente un discours fondé sur des preuves, incitant les lecteurs à déconstruire de manière critique les mythes et les conjectures qui prévalent. Elle encourage une dissection méthodique des preuves, favorisant le scepticisme tout en encourageant un esprit d'enquête empirique . Grâce à ce processus, l'attrait empyreumatique de la Zone 51 est disséqué, permettant aux lecteurs de discerner entre les récits factuels et le folklore sensationnaliste. En fin de compte, l'analyse des documents déclassifiés sert de canal d'illumination, permettant un recalibrage des perspectives et une réévaluation incisive de l'énigme captivante qu'est la Zone 51.

La Zone 51 dans la culture populaire

La nature énigmatique et secrète de la zone 51 a captivé l'imagination de la culture populaire dans le monde entier. Elle a été décrite et évoquée dans de nombreux films, émissions de télévision, livres, jeux vidéo et théories du complot. La mystique qui entoure la zone 51 a alimenté une variété de récits, allant de la fiction spéculative aux théories conspirationnistes les plus folles. Au cinéma, la zone 51 a servi de cadre à d'innombrables films de science-fiction et d'extraterrestres. Hollywood a perpétué l'idée que la zone 51 était un centre de secrets extraterrestres, de technologies avancées et d'opérations gouvernementales clandestines. Qu'il s'agisse de superproductions ou de films indépendants, l'attrait de la zone 51 continue de captiver le public du monde entier.

Les émissions de télévision et les documentaires ont contribué à ancrer le mythe de la zone 51 dans la culture populaire. De nombreuses séries télévisées ont exploré les mythes et les rumeurs qui entourent l'installation, brouillant souvent les frontières entre la réalité et la fiction. Ces représentations contribuent à la mystique et à la fascination que le grand public éprouve pour ce lieu insaisissable. Au-delà des médias traditionnels, la littérature et les plateformes en ligne regorgent d'histoires et de discussions sur la zone 51. D'innombrables romans, nouvelles et romans graphiques ont utilisé le secret de la zone 51 comme toile de fond pour des récits palpitants.

Les forums Internet, les médias sociaux et les communautés en ligne servent de carrefours pour les enthousiastes, les sceptiques et les théoriciens de la conspiration, entretenant la conversation et contribuant à l'intrigue permanente autour de l'installation. En raison de son omniprésence dans la culture populaire, la zone 51 est devenue un symbole durable de mystère et de spéculation. Son influence s'étend bien au-delà du simple divertissement, s'infiltrant dans des conversations plus larges sur la transparence du gouvernement, les avancées technologiques et la possibilité d'une vie extraterrestre. L'impact culturel de la zone 51 témoigne de l'attrait durable de l'énigme et du pouvoir de la curiosité humaine.

Conclusion : Séparer le mythe de la réalité

Alors que la poussière retombe sur l'attrait énigmatique de la zone 51, il devient impératif d'entreprendre un voyage de discernement, en séparant les couches du mythe du socle de la réalité. Alors que les récits entourant la zone 51 ont tissé une toile captivante de spéculations et d'intrigues, la recherche de la vérité exige un examen minutieux et une analyse critique. La nature insaisissable des installations militaires classées a créé une atmosphère propice aux théories de la conspiration et aux spéculations sur un autre monde, ce qui a entraîné une fascination culturelle omniprésente pour la Zone 51. Toutefois, grâce à une enquête approfondie et à un examen méticuleux des documents historiques, il est essentiel d'aborder l'énigme de la Zone 51 avec une rationalité tempérée et des preuves empiriques. L'un des principaux défis à relever pour percer les mystères de la Zone 51 consiste à distinguer les récits authentiques du folklore enjolivé. La description sensationnelle de rencontres extraterrestres et de merveilles technologiques avancées doit être juxtaposée à des sources vérifiées et à des témoignages étayés. Se plonger dans les annales des documents déclassifiés et des rapports de première main offre une perspective nuancée qui permet de faire la part des choses entre la réalité et la fiction.

Par ailleurs, l'histoire de la Zone 51, liée à des activités gouvernementales secrètes et à des expériences classifiées, nécessite une dissection minutieuse de la rumeur et de la réalité. L'empreinte des opérations clandestines de l'époque de la guerre froide et la présence de scientifiques pionniers issus d'horizons divers jettent une ombre complexe sur la mystique de la Zone 51. C'est dans ce labyrinthe que les contours de la vérité émergent, remettant en question les récits populaires et invitant à une évaluation sobre de ce qui se cache sous le voile du secret.

Parallèlement, l'impact durable de la Zone 51 sur la culture populaire et les médias a perpétué un puissant mélange de crainte et de scepticisme. Par le biais du cinéma, de la littérature et du discours spéculatif, la Zone 51 a transcendé ses frontières physiques et s'est insérée dans le tissu de la mythologie contemporaine. Reconnaissant cette influence omniprésente, le processus de délimitation de la réalité implique le démantèlement des couches de romantisme et d'hyperboles qui ont enveloppé la Zone 51 d'un manteau d'énigme. En fin de compte, la quête de la vérité concernant la Zone 51 exige une rigueur intellectuelle, un examen minutieux et une évaluation judicieuse de toutes les preuves disponibles. Il incombe aux chercheurs et aux passionnés de tracer une voie sur le terrain nébuleux de la Zone 51, guidés par la boussole de la raison et de l'enquête empirique. En naviguant au confluent des faits et des conjectures, l'héritage énigmatique de la Zone 51 peut être distillé dans un récit fondé sur des vérités vérifiables, donnant un aperçu d'un domaine qui a captivé l'imagination humaine pendant des décennies.

13

Les innovations voilées

Projets secrets

Décoder le voile

Le voyage dans le domaine des développements technologiques clandestins commence par une exploration de la toile complexe du secret qui entoure ces projets énigmatiques. Dans les annales de l'histoire, ces innovations secrètes ont joué un rôle essentiel dans l'évolution des nations et des guerres. Les esprits curieux sont invités à plonger dans les profondeurs de ce voile, où s'entremêlent l'ingénierie de pointe, la prévoyance stratégique et une discrétion inébranlable. Décoder le voile qui recouvre ces projets fondamentaux revient à démêler une tapisserie d'intrigue dont les fils sont tissés à partir des plus fines ficelles de la dissimulation. Cet examen n'est pas une simple incursion dans les curiosités historiques, mais un examen approfondi de la capacité de l'humanité à manier le savoir comme une arme. Il dévoile l'astuce avec laquelle les puissances ont cherché à prendre le dessus en créant et en protégeant des technologies d'avant-garde, propulsant le monde dans des territoires inexplorés de progrès et de péril.

Pour démêler les complexités qui sous-tendent ces initiatives cachées, il faut une appréciation aiguë des motifs sous-jacents qui ont présidé à leur création et des ramifications qu'elles continuent d'exercer sur le tissu de notre société. À chaque révélation, un rideau s'ouvre, dévoilant une tapisserie d'ambitions, de risques et de conséquences qui transcendent les simples schémas de l'innovation. Le mystère ne réside pas seulement dans les conceptions et les applications discrètes, mais aussi dans les ombres éthiques projetées par les efforts subreptices des gouvernements et des organisations. Au cours de cette odyssée intellectuelle, il apparaît clairement que le décodage du voile transcende le simple dévoilement de la technologie ; il invite à une contemplation de la prédilection de l'humanité pour la dissimulation et des révélations concomitantes qui résonnent dans les couloirs du temps.

Les plans du secret : Projets fondateurs

Le monde clandestin des projets secrets à l'époque de la Seconde Guerre mondiale et de la Guerre froide qui a suivi a représenté un changement de paradigme dans l'innovation technologique. Dans le cadre d'installations ultra-secrètes et sous le couvert de la plus grande discrétion, des projets fondamentaux ont été lancés pour repousser les limites de la science et de l'ingénierie. Ces plans secrets ont jeté les bases de développements révolutionnaires qui allaient façonner le cours de l'histoire. Le dévoilement des efforts clandestins de cette époque met en lumière le lien énigmatique entre le progrès technologique et la sécurité nationale. Les projets fondamentaux comprenaient un éventail diversifié d'activités, englobant un large spectre de disciplines. De l'armement et des systèmes aérospatiaux avancés aux projets énergétiques clandestins et aux technologies de communication secrètes, la portée de ces projets était aussi vaste qu'ambitieuse. La genèse de ces projets découle souvent des besoins urgents de la guerre, ce qui conduit à la convergence d'esprits brillants dans une atmosphère de confidentialité absolue.

Dans divers centres de recherche clandestins, les scientifiques, ingénieurs et innovateurs les plus brillants travaillaient dans l'obscurité, animés par une mission commune de la plus haute importance. La dissimulation de ces projets fondamentaux n'était pas simplement une question de protocole bureaucratique ; il s'agissait d'un principe fondamental visant à empêcher que des avancées technologiques essentielles ne tombent entre les mains d'adversaires. Les implications stratégiques de ces initiatives ont souligné la nécessité d'un niveau de secret inégalé.

Dans ce domaine de la créativité clandestine, les plans du secret se sont matérialisés en manifestations tangibles d'innovation et d'ingéniosité. La nature confidentielle de ces projets a favorisé un environnement où la prise de risque et l'expérimentation audacieuse ont prospéré à l'abri des regards indiscrets du public. Le défi inhérent à l'équilibre entre l'impératif du secret et la quête incessante de progrès a défini l'éthique de ces projets fondamentaux. En tant que tel, le récit de ces entreprises secrètes illustre l'interface entre l'impératif de la défense nationale et la quête incessante de percées technologiques. Comprendre l'héritage de ces projets fondamentaux, c'est s'aventurer dans les couloirs énigmatiques de l'évolution technologique et dans la tapisserie complexe des intrigues historiques.

Systèmes d'armes avancés : Création et dissimulation

Au cours de l'ère tumultueuse des avancées technologiques secrètes, les systèmes d'armes avancés ont constitué des monuments imposants de l'innovation humaine et du secret. Dès le début des projets clandestins, un voile d'ombre a dissimulé des développements révolutionnaires dans le domaine de l'armement qui ont remodelé le paysage de la guerre. La création et la dissimulation de ces systèmes d'armes avancés sont devenues un impératif stratégique pour les nations engagées dans un conflit mondial. Des esprits ingénieux ont mis à profit leur expertise pour concevoir des armements de pointe, allant des avions furtifs et des missiles hypersoniques aux armes à énergie dirigée et aux véhicules de combat sans pilote. Ces innovations qui changent la donne représentent le summum de la technologie militaire, alimentée par des programmes clandestins de recherche et de développement menés dans le plus grand secret. L'orchestration de ces projets exigeait un niveau inégalé de discrétion et de compartimentation, les gouvernements et les agences de défense s'efforçant de protéger leurs avancées révolutionnaires des regards indiscrets et des adversaires hostiles.

Au sein des enclaves secrètes des installations de recherche et des terrains d'essai éloignés, la science-fiction est devenue réalité lorsque des ingénieurs et des scientifiques pionniers ont repoussé les limites de ce qui était considéré comme possible, exploitant le pouvoir des connaissances classifiées pour créer des instruments de guerre inégalés. La danse complexe entre la création et la dissimulation s'est déroulée dans les couloirs sacrés des laboratoires de pointe et des installations souterraines, où l'alchimie de l'ingéniosité et de la discrétion a donné naissance à une nouvelle race de systèmes d'armes destinés à redéfinir l'art de la guerre.

Alors que le secret enveloppait chaque étape importante dans la conception et la fonctionnalité des armes, le monde restait inconscient de l'ampleur des progrès qui étaient sur le point de faire pencher la balance du pouvoir sur la scène mondiale. Cependant, derrière le rideau de fer de la classification, une symphonie de progrès orchestrée par des esprits exceptionnels a sculpté le futur champ de bataille avec des innovations conçues pour révolutionner les capacités tactiques et la domination stratégique. L'héritage de ces projets clandestins témoigne de la capacité de l'humanité à exploiter les prouesses technologiques dans le but d'atteindre la supériorité militaire, gravant à jamais un chapitre d'énigme et d'émerveillement dans les annales de l'histoire.

Activités biochimiques : des objectifs cachés

L'exploration des activités biochimiques à l'époque des projets secrets dévoile un labyrinthe de poursuites clandestines et de recherches secrètes. À l'intersection de la science et du secret, les installations clandestines ont exploré les domaines énigmatiques de la guerre biologique et de l'expérimentation médicale. Dissimulés dans l'ombre, ces efforts visaient à exploiter le pouvoir de la biologie à des fins offensives et défensives, façonnant le paysage des stratégies en temps de guerre et les implications de l'après-guerre. La recherche d'armes biologiques, caractérisées par leur potentiel de dévastation à grande échelle et leur déploiement indétectable, a poussé diverses agences et organisations clandestines à repousser les limites de l'éthique et les frontières de la science.

Nous nous penchons sur la tapisserie complexe de la recherche biologique, mettant en lumière les agendas secrets qui ont fait progresser la biochimie et les sciences médicales à une époque de secret et de suspicion. De la mise au point d'agents pathogènes mortels conçus pour faire un grand nombre de victimes à l'exploitation de sujets humains dans le cadre d'expériences contraires à l'éthique, l'enchevêtrement des activités biochimiques dévoile des chapitres sombres de l'histoire. La dichotomie entre les progrès médicaux pour l'amélioration de l'humanité et l'armement des maladies à des fins destructrices met en évidence les complexités morales de ces agendas cachés. Pour percer l'énigme des poursuites biochimiques, il faut examiner attentivement les manquements à l'éthique, les réalisations scientifiques et l'héritage durable de ces initiatives voilées. En s'aventurant plus profondément dans ce domaine, le livre explore les laboratoires secrets, les personnages insaisissables et les récits obscurs qui illustrent les poursuites étonnantes et les dilemmes éthiques dans le monde clandestin des activités biochimiques.

Technologie des communications : Développements secrets

Au lendemain de la Seconde Guerre mondiale, les progrès des technologies de communication ont pris une tournure secrète, les différentes nations cherchant à acquérir un avantage stratégique. Des projets secrets ont été lancés pour mettre au point des systèmes de communication sophistiqués dotés de capacités de cryptage améliorées et de transmissions à longue distance. La nature clandestine de ces développements signifiait qu'ils échappaient à la connaissance du public et aux cadres réglementaires traditionnels. Des équipes de recherche et de développement de haut niveau ont été constituées dans le plus grand secret pour mettre au point des technologies de communication de pointe. Ces initiatives comprenaient la création de canaux de communication sécurisés et indétectables, qui ont joué un rôle essentiel dans les opérations clandestines et la collecte de renseignements.

L'intégration de disciplines émergentes telles que la cryptographie, le traitement des signaux et la théorie de l'information a jeté les bases d'avancées sans précédent dans le domaine des communications secrètes. L'un des principaux objectifs de ces développements clandestins était de garantir l'immunité contre l'interception et le décryptage par l'ennemi. Les techniques d'obscurcissement des signaux, les sauts de fréquence et la modulation à spectre étalé ont constitué la base des protocoles de transmission sécurisés, permettant aux messages cryptés de traverser de vastes distances sans être compromis.

La prolifération de la surveillance électronique a nécessité la mise au point de contre-mesures, ce qui a conduit à la création de systèmes de communication anti-surveillance très secrets. L'évolution de la communication par satellite a marqué un tournant dans la technologie secrète, en offrant une portée mondiale aux transmissions cryptées. Cachés dans des constellations de satellites et dissimulés sous des descriptions de charges utiles inoffensives, les satellites de communication clandestins facilitaient les échanges sécurisés et intraçables entre les agents éloignés et le quartier général. Ces satellites constituaient un atout inestimable pour les agences de renseignement et les commandements militaires opérant dans des régions dépourvues d'infrastructures de communication traditionnelles.

Avec l'intensification de la guerre froide, les technologies de communication secrètes ont pris de l'importance, avec l'apparition du télex crypté, de la transmission vocale sécurisée et des réseaux de données cryptées. Les normes de cryptage avancées mises en œuvre dans ces systèmes ont été classées au plus haut niveau et sont restées à l'abri de l'attention du public pendant des décennies. Ces efforts considérables pour sécuriser les moyens de communication soulignent le rôle essentiel de la supériorité de l'information dans les opérations clandestines de l'époque. L'héritage durable de ces développements secrets dans le domaine des technologies de communication continue de résonner dans les opérations contemporaines de renseignement et de défense. Les principes et les méthodologies issus de ces efforts clandestins ont continué à façonner le paysage moderne des systèmes de communication sécurisés et résilients, garantissant que les informations sensibles et critiques restent hors de portée des adversaires.

Dans l'ombre des opérations clandestines, les projets énergétiques sont apparus comme des géants silencieux dans le tissu des activités technologiques secrètes. Ces initiatives ont exploré les domaines des sources d'énergie durables et avancées, à l'abri de l'attention du public. La recherche de solutions énergétiques clandestines était motivée par le besoin d'indépendance, de fiabilité et de supériorité dans le jeu de pouvoir mondial. Coupés de la surveillance conventionnelle, ces projets ont fonctionné dans l'obscurité, permettant à des innovations révolutionnaires de se développer au-delà des limites et des réglementations traditionnelles.

Innovations aérospatiales : Au-delà du regard du public

L'exploration des innovations aérospatiales au-delà des

yeux du public dévoile un monde clandestin où les progrès de l'aéronautique et de l'exploration spatiale ont été réalisés dans le plus grand secret. Derrière des portes closes, des ingénieurs et des scientifiques de l'aérospatiale ont travaillé sans relâche pour repousser les limites des systèmes de vol et de propulsion. À l'abri du regard du public, des avions et des engins spatiaux expérimentaux ont été mis au point à l'aide de technologies de pointe et de concepts révolutionnaires. Ces innovations aérospatiales, à l'abri du regard du public, sont nées d'un mariage entre la nécessité et la concurrence, les nations s'efforçant de prendre l'avantage dans l'après-guerre. Sous le couvert du secret, des merveilles technologiques sont apparues et ont transformé le paysage aérospatial. Les véhicules aériens sans pilote (UAV) ou les drones, souvent associés à la guerre moderne, trouvent leurs racines conceptuelles dans des projets secrets du passé.

Le développement d'avions hypersoniques, capables de voyager à des vitesses supérieures à Mach 5, est resté profondément ancré dans des programmes classifiés pendant des décennies, jusqu'à ce que des révélations récentes mettent en lumière leur existence. Outre les avancées dans le domaine de l'aviation, des projets spatiaux secrets ont propulsé l'humanité vers des territoires inexplorés. Des missions lunaires, des avions spatiaux et des programmes de fusée avancés ont été dissimulés dans la plus grande confidentialité, chacun d'entre eux ayant le potentiel de remodeler notre compréhension de l'exploration de l'espace. Le voile du secret entourant ces innovations aérospatiales n'a pas seulement masqué des réalisations monumentales, mais aussi les récits de pionniers intrépides qui ont osé fouler les frontières inexplorées du cosmos.

La technologie de la furtivité, essentielle pour échapper à la détection par radar et autres formes de surveillance, a fait l'objet d'un développement intensif dans le cadre de projets aérospatiaux clandestins. Des conceptions radicales de cellules, de nouveaux matériaux composites et des revêtements sophistiqués absorbant les radars figurent parmi les innovations révolutionnaires dissimulées au public. Ces technologies ont abouti à la création d'avions furtifs emblématiques, introduisant une nouvelle ère dans la guerre aérienne tout en révolutionnant les principes de conception et de fabrication des avions.

Au fur et à mesure que des révélations font surface, mettant en lumière d'anciens projets aérospatiaux secrets, un monde d'ingéniosité et de dévouement caché aux yeux du public devient manifeste. L'héritage de ces entreprises secrètes reste tissé dans le tissu des réalisations aérospatiales contemporaines, servant de testament à la persévérance humaine, à l'innovation et à la quête illimitée de l'exploration.

Projets sous-marins et souterrains : Les profondeurs du secret

Dans le domaine clandestin de l'innovation technologique et de la stratégie militaire, les projets sous-marins et souterrains ont longtemps été entourés de mystère. Ces entreprises secrètes plongent dans les profondeurs du secret, où la recherche et le développement avancés se déroulent sous la surface, à l'abri du regard du public. Les projets sous-marins, qui vont de la technologie des sous-marins aux installations navales secrètes, ont joué un rôle essentiel dans l'évolution de la guerre maritime et de la dynamique du pouvoir mondial. L'importance stratégique de la guerre sous-marine a été évidente tout au long de l'histoire, influençant les tactiques navales et les manœuvres géopolitiques.

Les projets souterrains se sont aventurés dans la construction clandestine et le développement d'infrastructures, permettant à des installations et à des tunnels cachés de servir des objectifs divers avec une discrétion inégalée. Ce domaine souterrain offre des possibilités d'opérations clandestines, de stockage sécurisé et de réseaux de transport dissimulés, qui façonnent le paysage des conflits modernes et des opérations gouvernementales.

Par ailleurs, des courants de collaboration apparaissent lorsque les nations s'alignent ou s'affrontent dans ces activités secrètes, favorisant les alliances internationales ou les rivalités secrètes. L'imbrication des avancées technologiques et des ambitions géopolitiques souligne encore davantage la nature complexe des projets sous-marins et souterrains, dévoilant un monde qui échappe au regard commun. En dévoilant l'intrigue qui entoure ces innovations voilées, on comprend mieux les forces clandestines qui ont sculpté notre passé et continuent de façonner notre avenir, invitant les lecteurs à s'immerger dans le monde énigmatique de l'exploration des fonds marins et des infrastructures souterraines.

Les courants souterrains de la collaboration : Alliés et adversaires

Le monde caché des développements technologiques clandestins implique souvent un réseau complexe de collaboration et de concurrence, où alliés et adversaires dansent un tango délicat et complexe à la poursuite de la suprématie technologique. Tout au long des projets clandestins du milieu du XXe siècle, des alliances se sont formées et ont volé en éclats, des secrets ont été partagés et volés, et la quête de la supériorité technologique a brouillé les frontières entre amis et ennemis.

Au cœur de ces courants souterrains de collaboration se trouve l'échange à plusieurs niveaux de connaissances, de ressources et d'expertise entre des nations dont les intérêts sont alignés. Alors que l'opinion publique était focalisée sur les tensions géopolitiques et les clivages idéologiques, en coulisses, des partenariats inattendus ont vu le jour, créant un labyrinthe d'intérêts entrelacés. La gravité de la guerre froide a favorisé une coopération sans précédent entre d'anciens adversaires de guerre, la course à la domination technologique ayant éclipsé les animosités historiques. Dans le même temps, l'esprit de compétition qui animait les progrès technologiques a également semé les graines de la méfiance et du subterfuge. Les alliés devenus rivaux se sont engagés dans une danse d'espionnage dans l'ombre, cherchant à prendre le dessus en dévoilant les innovations cachées de l'autre. L'espionnage industriel, l'infiltration et le sabotage sont devenus des outils dangereux dans l'arsenal des alliés et des adversaires, amplifiant la nature clandestine des avancées technologiques.

Le paysage complexe des courants de collaboration ne se limitait pas aux seules nations. Dans les cercles fermés de la recherche et du développement, des individus, des scientifiques et des ingénieurs d'horizons divers se côtoyaient, animés par la recherche commune de technologies de pointe. Pourtant, sous le vernis de la collaboration, les conflits couvaient, car les ambitions personnelles, les dilemmes de loyauté et les agendas conflictuels ajoutaient des couches de complexité à la tapisserie déjà complexe des projets secrets. Ainsi, démêler l'écheveau des allégeances et des oppositions, mettra en lumière les paradigmes entrelacés de la collaboration, de la concurrence et de l'ambition clandestine qui ont défini le domaine discret des technologies cachées.

Spéculer l'avenir : L'impact prévu des technologies cachées

À mesure que nous pénétrons dans le domaine des avancées et des innovations technologiques classifiées, il devient impératif d'envisager les ramifications potentielles et les implications futures de ces évolutions secrètes. L'impact des technologies cachées sur la dynamique mondiale, la sécurité, l'économie et le tissu même de l'existence humaine ne peut être négligé. Les spéculations sur les conséquences imprévues de ces projets clandestins peuvent offrir des indications précieuses sur la trajectoire de notre avenir collectif. L'influence des systèmes d'armes avancés sur les paysages géopolitiques et les équilibres stratégiques est l'un des principaux domaines qui méritent un examen approfondi. La prolifération de technologies militaires secrètes peut simultanément déclencher des courses aux armements et remodeler les alliances traditionnelles et susciter de nouvelles formes de conflit à l'échelle mondiale.

La convergence des efforts biotechnologiques et du secret d'État soulève des préoccupations éthiques et des risques potentiels concernant le génie génétique, la guerre biologique et la manipulation des écosystèmes naturels. Les répercussions sociétales, environnementales et géopolitiques de ces biotechnologies cachées exigent un examen attentif. les progrès clandestins des technologies de communication pourraient redéfinir les limites de la vie privée, de la liberté et de la surveillance à un niveau sans précédent. La fusion des techniques de cryptage, de l'intelligence artificielle et des cybercapacités pourrait révolutionner la nature de la guerre de l'information et influencer la dynamique de la gouvernance nationale et internationale.

Les projets énergétiques clandestins entourés de secret sont susceptibles de perturber les marchés mondiaux de l'énergie, la durabilité de l'environnement et les efforts d'atténuation du changement climatique. Le changement de paradigme découlant de l'utilisation de sources d'énergie non divulguées a la capacité de redéfinir le paysage énergétique mondial et de provoquer des perturbations écologiques et économiques imprévues. Les innovations aérospatiales dissimulées au public promettent de remodeler l'avenir de l'aviation, de l'exploration spatiale et des capacités de défense stratégique. L'émergence de technologies de vol hypersonique, de systèmes de propulsion avancés et de vaisseaux spatiaux de nouvelle génération pourrait redéfinir la portée de l'humanité au-delà des limites de notre planète et redéfinir les limites de la guerre moderne.

Les projets submergés et souterrains dissimulés dans le secret posent des questions imminentes concernant la sécurité maritime, l'exploitation des ressources et les revendications territoriales. Le développement de véhicules sous-marins furtifs, de plateformes submersibles indétectables et d'installations souterraines dissimulées, pose de nouveaux défis en matière de connaissance du domaine maritime, de dissuasion stratégique et d'application du droit maritime international.

En somme, l'impact prévu des technologies cachées va bien au-delà du voile du secret. Il justifie une exploration approfondie, une analyse critique et un discours proactif afin d'anticiper et de naviguer de manière éthique dans les complexités d'un paysage technologique de plus en plus clandestin.

14

La puissance industrielle

Techniques et transformation

Progrès industriels

On ne saurait sous-estimer le rôle des avancées technologiques dans le développement des capacités industrielles en temps de guerre. L'évolution de la guerre industrielle a nécessité une transformation radicale des processus de fabrication, des capacités de production et de l'infrastructure logistique. Ici, nous examinons le rôle essentiel joué par les technologies innovantes dans le renforcement des prouesses industrielles en période de conflit.

La période qui a précédé la Seconde Guerre mondiale et celle qui l'a suivie ont marqué un tournant dans les progrès industriels. Avec l'escalade des exigences de la guerre, les méthodes et capacités de production traditionnelles sont devenues inadéquates. Il était donc impératif d'adopter de nouvelles technologies susceptibles de rationaliser la fabrication, d'améliorer l'efficacité et d'augmenter la production. De la mise en œuvre des techniques de chaîne de montage inaugurées par Henry Ford à l'intégration des méthodologies de production de masse, ces progrès ont révolutionné les capacités industrielles à l'échelle mondiale. Le développement rapide d'outils, de machines et d'équipements hautement spécialisés a également contribué de manière significative à l'expansion et à la modernisation de l'infrastructure industrielle. Les innovations technologiques telles que l'introduction de l'automatisation, l'incorporation de l'ingénierie de précision et l'utilisation de matériaux avancés ont conduit à des améliorations remarquables de la productivité globale et de la qualité de la production.

La convergence de l'ingénierie, de la science et de l'industrie a catalysé la création d'armes, de véhicules et de machines de pointe qui ont joué un rôle déterminant dans l'obtention d'une supériorité stratégique sur le champ de bataille. La relation symbiotique entre le progrès technologique et la transformation industrielle a indéniablement joué un rôle central dans l'alimentation de la machine de guerre, les nations rivalisant pour se surpasser en termes de production et d'innovation. Par ailleurs, les efforts de collaboration des agences gouvernementales, des instituts de recherche et des entreprises privées ont facilité le déploiement rapide et la mise à l'échelle d'avancées essentielles. Cette approche orchestrée a non seulement accéléré le rythme de l'adaptation industrielle, mais a également ouvert la voie à une croissance et à un développement soutenus au lendemain du conflit. En approfondissant un peu plus, il devient évident que l'interaction entre la technologie et l'industrie a eu de profondes implications non seulement sur les résultats des efforts de guerre, mais encore sur la trajectoire ultérieure de l'industrialisation mondiale.

Infrastructures et production de guerre

Durant la période tumultueuse de la Seconde Guerre mondiale, le paysage industriel a subi une transformation radicale sous l'effet des exigences de la production de guerre. L'ampleur du conflit a nécessité une expansion significative et une reconfiguration des infrastructures existantes pour répondre à la demande croissante de munitions, d'équipements et de fournitures. L'effort de guerre a catalysé une mobilisation sans précédent des ressources et de l'expertise, obligeant les nations à adapter rapidement leurs capacités de production pour soutenir la conflagration mondiale imminente.

Pour répondre aux besoins pressants de la production de guerre, les gouvernements et les industries privées ont mobilisé des ressources pour construire de nouvelles usines, agrandir les installations existantes et réoutiller les chaînes de montage. Des investissements massifs ont été consacrés à la modernisation des sites de production, à l'intégration de technologies de pointe et à la rationalisation des processus en vue d'une efficacité maximale. L'emplacement stratégique de ces installations a joué un rôle essentiel dans la protection des chaînes d'approvisionnement et l'atténuation des vulnérabilités face aux attaques ennemies, tout en garantissant la livraison en temps voulu du matériel essentiel sur les lignes de front. L'ampleur et la portée de la production de guerre ont nécessité une collaboration étroite entre les secteurs public et privé, donnant lieu à des partenariats innovants qui ont estompé les frontières conventionnelles entre l'industrie et le gouvernement. L'intégration de la recherche scientifique, des prouesses d'ingénierie, de et des prouesses industrielles a favorisé des avancées révolutionnaires dans les domaines de la métallurgie, de la chimie et des techniques de fabrication, toutes orientées vers l'obtention d'une qualité et d'une quantité de produits supérieures.

Les impératifs de la production en temps de guerre ont stimulé le développement de nouvelles méthodologies telles que la production à la chaîne, la logistique en flux tendu et la personnalisation de masse, ouvrant la voie aux révolutions industrielles de l'après-guerre. Par ailleurs, l'intensification de la production de guerre a posé de formidables défis en termes de main-d'œuvre, de vastes vagues d'hommes et de femmes ayant été attirés par la main-d'œuvre, souvent en remplacement de ceux qui s'étaient enrôlés dans les forces armées. Cet afflux a mis à rude épreuve les pratiques traditionnelles en matière de travail, exigeant des solutions innovantes pour garantir une productivité soutenue tout en préservant le bien-être des travailleurs. Les innovations technologiques, notamment la mise en œuvre de machines automatisées et de processus mécanisés, ont révolutionné la nature du travail industriel, créant des ramifications durables pour la main-d'œuvre mondiale.

En somme, l'ère de la production en temps de guerre a été le témoin d'une transformation radicale des infrastructures et des pratiques de fabrication, redéfinissant les contours des prouesses industrielles. Les changements sismiques dans l'utilisation des ressources, la convergence technologique et la dynamique de la main-d'œuvre ont non seulement soutenu l'effort de guerre, mais ont également façonné la trajectoire de l'évolution industrielle pour les décennies à venir, laissant un héritage indélébile sur le tissu de la civilisation industrielle moderne.

Révolution dans les processus de fabrication

La période entourant la Seconde Guerre mondiale a été le théâtre d'une transformation monumentale des processus de fabrication, marquant un tournant dans l'histoire de l'industrie. Face à l'augmentation de la demande d'équipements et de biens militaires, les méthodes de fabrication traditionnelles se sont avérées inadaptées pour répondre aux besoins croissants de la production de guerre. Cela a entraîné un changement de paradigme dans la manière de produire des biens, jetant les bases des techniques de fabrication modernes qui continuent à façonner les industries aujourd'hui. L'introduction de systèmes de production de masse, initiés par des visionnaires tels que Henry Ford et perfectionnés par des dirigeants industriels désireux de rationaliser les chaînes de production, a été au cœur de cette révolution. La chaîne de montage, autrefois confinée à la construction automobile, est devenue emblématique de l'époque, permettant aux usines de produire des biens à un rythme sans précédent. En décomposant des tâches complexes en opérations plus simples et répétitives, les fabricants ont réalisé d'importants gains de productivité et d'efficacité, garantissant ainsi un approvisionnement régulier en fournitures essentielles en temps de guerre.

Les progrès de la science et de l'ingénierie des matériaux ont ouvert une nouvelle ère d'innovation. Les métaux, les plastiques et les matériaux composites ont fait l'objet de recherches et de développements rigoureux, qui ont abouti à la création de composants durables et légers, essentiels aux véhicules militaires, aux avions et à l'armement. Ces percées ont non seulement transformé la composition des biens, mais aussi amélioré leurs performances et leur durabilité sur le champ de bataille. Parallèlement à ces progrès, la prolifération des machines-outils et des technologies d'automatisation a favorisé l'évolution de la fabrication de précision. Les machines à commande numérique par ordinateur (CNC), par exemple, ont permis la fabrication automatisée de pièces complexes avec une précision inégalée, marquant une rupture avec le travail manuel traditionnel.

L'adoption de méthodes statistiques de contrôle de la qualité, défendues par des personnalités telles que W. Edwards Deming, a permis d'améliorer la normalisation et la cohérence des produits manufacturés, engendrant une culture d'amélioration continue et d'excellence dans les processus de production. Cette époque a également été marquée par la convergence des connaissances interdisciplinaires, les découvertes scientifiques se mêlant aux applications industrielles. La recherche fondamentale dans des domaines tels que la chimie, la physique et la science des matériaux a trouvé une résonance pratique dans la fabrication, favorisant la création de catégories de produits entièrement nouvelles. Du caoutchouc synthétique et des carburants à indice d'octane élevé aux alliages spécialisés et aux composants électroniques, l'effort de guerre a catalysé une poussée sans précédent d'ingéniosité technologique , remodelant le paysage des biens de consommation et des biens industriels.

En résumé, la révolution des processus de fabrication au cours de cette période charnière a produit des héritages durables qui s'étendent bien au-delà des années de guerre. Elle a jeté les bases des pratiques industrielles modernes, annonçant une ère caractérisée par la précision mécanisée, la qualité standardisée et la poursuite incessante de l'innovation. L'impact de ces changements transformateurs se répercute sur une myriade de secteurs, résumant la marque indélébile laissée par les prouesses industrielles en temps de guerre sur la tapisserie du progrès humain.

Stratégies de gestion des ressources

À l'époque de la production industrielle en temps de guerre, des stratégies efficaces de gestion des ressources ont joué un rôle essentiel dans le maintien de la production massive requise pour soutenir les efforts militaires. C'est pourquoi nous nous penchons sur le réseau complexe de défis logistiques et de décisions stratégiques qui ont façonné l'allocation et l'utilisation des ressources durant cette période critique. L'un des aspects fondamentaux de la gestion des ressources était l'allocation judicieuse des matières premières, notamment l'acier, l'aluminium et d'autres métaux essentiels. L'acquisition, la distribution et l'allocation de ces ressources ont été régies par une planification méticuleuse visant à optimiser leur utilisation dans les différents sites de production.

La gestion des ressources en main-d'œuvre était une tâche complexe qui impliquait la mobilisation de la main-d'œuvre, le développement des compétences et la garantie du bien-être de la main-d'œuvre. L'efficacité et la productivité de la main-d'œuvre étaient essentielles pour répondre aux exigences accrues de la production de guerre. Par ailleurs, la gestion des ressources énergétiques telles que le charbon, le pétrole et l'électricité nécessitait des approches innovantes pour minimiser le gaspillage et maximiser la production. Diverses initiatives ont été prises pour rationaliser la consommation d'énergie et explorer des sources alternatives afin de répondre à l'appétit de l'industrie pour l'énergie. Un autre élément crucial est la logistique des transports, qui englobe le déplacement des matières premières, des composants et des produits finis entre des installations de production dispersées. L'optimisation des réseaux de transport a permis d'éviter les goulets d'étranglement et de garantir un flux régulier de ressources.

Par ailleurs, la maintenance et l'entretien des machines et des équipements constituaient un aspect essentiel de la gestion des ressources, avec des calendriers de maintenance rigoureux et des protocoles de réparation mis en œuvre pour maintenir les capacités de production. Il est important de noter que la gestion stratégique des ressources a non seulement facilité une production ininterrompue, mais a également jeté les bases de la reconstruction d'après-guerre et de la reprise économique. Les leçons tirées de la gestion efficace des ressources en temps de guerre sont devenues inestimables pour les transformations industrielles ultérieures, servant de phare pour les efforts futurs dans le domaine de l'optimisation des ressources et des pratiques de production durable.

Synergies et innovations technologiques

L'interconnexion des innovations technologiques pendant la période de guerre a conduit à une myriade de progrès qui ont remodelé les industries au-delà du champ de bataille. Les synergies technologiques ont été au cœur de cette transformation, car divers domaines tels que l'aviation, l'ingénierie et la science des matériaux ont convergé pour créer des développements révolutionnaires. La fusion des technologies n'a pas seulement révolutionné la guerre, elle a aussi catalysé des changements à long terme dans les secteurs civils. L'un des exemples les plus remarquables de synergie technologique est la collaboration entre l'ingénierie aérospatiale et l'électronique, qui a conduit à la mise au point de systèmes radar sophistiqués et d'équipements de détection aéroportés. Ces innovations ont non seulement donné un avantage stratégique aux forces alliées, mais elles ont également jeté les bases des systèmes modernes de contrôle du trafic aérien et de prévisions météorologiques. L'approche interdisciplinaire de la résolution des problèmes a favorisé des percées sans précédent qui ont dépassé les limites de l'expertise traditionnelle.

La science des matériaux a également connu un changement de paradigme durant cette période, la métallurgie et la chimie s'étant croisées pour produire des alliages avancés et des matériaux synthétiques d'une résilience et d'une polyvalence inégalées. Ces nouveaux matériaux ont trouvé des applications dans la construction aéronautique, l'armement et l'équipement médical, établissant de nouvelles normes de durabilité et de performance. La pollinisation croisée de connaissances et de techniques issues de domaines disparates a propulsé les capacités industrielles à des niveaux sans précédent, redéfinissant les limites de ce qui était réalisable.

La convergence du génie chimique et de la recherche pharmaceutique a permis la synthèse de médicaments vitaux, tels que la pénicilline, et la production en masse de composés thérapeutiques. L'intégration réussie de ces disciplines a non seulement permis de répondre à des besoins médicaux critiques en temps de guerre, mais a également ouvert la voie à des avancées significatives dans l'industrie pharmaceutique, illustrant l'impact durable des synergies technologiques sur la santé publique et le bien-être.

Par ailleurs, l'intersection de l'ingénierie et de l'informatique a donné naissance aux premiers dispositifs informatiques, tels que la bombe de Turing, qui a marqué les premières étapes de l'informatique moderne. Cette collaboration a révolutionné le traitement des données et la cryptographie, jetant les bases de l'ère numérique et influençant la trajectoire des technologies de l'information. Les profonds effets d'entraînement de l'innovation interdisciplinaire ont souligné le potentiel de transformation des synergies technologiques à une époque marquée par les bouleversements et l'incertitude.

En somme, l'harmonisation de diverses disciplines a

engendré une ère de progrès technologique sans précédent, ouvrant la voie à des innovations multiformes aux implications considérables. L'héritage de ces efforts synergiques témoigne du pouvoir durable de la collaboration entre différents domaines d'expertise, et met en lumière les possibilités illimitées qui se présentent lorsque les connaissances convergent pour le plus grand bien de tous.

Mobilisation de la main-d'œuvre et défis

La mobilisation de la main-d'œuvre en temps de guerre a présenté une myriade de défis et de complexités qui ont exigé des solutions innovantes. La demande de main-d'œuvre qualifiée ayant explosé, les industries ont dû faire face à la tâche ardue d'augmenter rapidement leurs effectifs tout en maintenant l'efficacité et la productivité. Il a donc fallu réévaluer les méthodes de recrutement traditionnelles et mettre en œuvre des programmes de formation à grande échelle pour doter les travailleurs des compétences nécessaires. Le besoin de rapidité et d'échelle dans l'expansion de la main-d'œuvre a créé d'importants obstacles logistiques et administratifs, qui ont forcé les organisations à rationaliser leurs processus et à adopter de nouvelles approches en matière de gestion des ressources humaines.

L'arrivée des femmes sur le marché du travail dans des fonctions traditionnellement occupées par des hommes a entraîné une transformation des normes sociétales et de la dynamique du travail. Les défis posés par l'intégration d'une main-d'œuvre diversifiée et élargie, associés aux exigences sans précédent de la production de guerre, ont contraint les industries à s'adapter et à faire évoluer leurs structures organisationnelles. Au milieu de ces transformations, l'importance de maintenir le moral, de garantir des pratiques de travail équitables et d'encourager un sentiment d'unité et d'objectif parmi les travailleurs est devenue primordiale. Ces efforts étaient essentiels pour maintenir la productivité et renforcer la résistance de la main-d'œuvre face à des conditions ardues et à une pression intense.

L'impact généralisé de la guerre sur les communautés et les familles a souligné la nécessité de mettre en place des systèmes de soutien complets et des initiatives d'aide sociale afin d'atténuer les difficultés rencontrées par les travailleurs et leurs proches. Les contraintes pesant sur les infrastructures, les transports et le logement ont constitué des obstacles supplémentaires à la mobilisation efficace de la main-d'œuvre, ce qui a incité les entités publiques et privées à collaborer pour relever ces défis. Malgré les formidables obstacles rencontrés, l'ère de la mobilisation de la main-d'œuvre en temps de guerre a servi de catalyseur pour des avancées pionnières dans la gestion des ressources humaines, les relations de travail et l'égalité sociale. Les enseignements tirés de cette période continuent de trouver un écho dans les pratiques organisationnelles modernes et permettent de mieux comprendre la capacité d'adaptation et la résilience de la main-d'œuvre dans des circonstances extraordinaires.

Impacts économiques et croissance

Après la cessation des hostilités, la puissance industrielle forgée pendant les années de guerre a commencé à subir une profonde transformation. Les conséquences économiques de cette transformation ont été multiples, remodelant les marchés mondiaux et ouvrant la voie à une croissance et à un développement sans précédent. Alors que les nations passaient de la production en temps de guerre aux activités en temps de paix, les industries ont dû adapter leurs capacités et réorienter leurs stratégies. Cette époque a été marquée par la reconversion d'installations de production de guerre massives, ce qui a représenté autant d'opportunités que d'obstacles. L'un des effets notables a été l'augmentation du nombre d'emplois, les soldats rentrant au pays cherchant à se réinsérer dans la population active civile. Le passage de la production militaire à la production civile a ouvert de nouvelles voies à l'innovation et à la spécialisation, alimentant la croissance économique par la diversification.

Les technologies développées et affinées en temps de guerre ont trouvé des applications dans diverses industries, propulsant des secteurs tels que l'aviation, les télécommunications et l'industrie manufacturière dans une période d'expansion sans précédent. Les années d'après-guerre ont également vu l'émergence de nouveaux marchés de consommation, la demande refoulée et l'augmentation des revenus disponibles ayant stimulé la consommation. Cela a stimulé l'investissement et la nécessité d'augmenter les capacités de production pour répondre à la demande croissante d'une population en plein essor. Les géants de l'industrie, qui avaient affiné leur expertise pendant la guerre grâce à des contrats à grande échelle, s'aventurent désormais dans de nouvelles entreprises, capitalisant sur leurs connaissances accumulées pour stimuler le progrès économique.

Le paysage économique mondial a été considérablement modifié à la fin de la guerre, les partenariats commerciaux stratégiques façonnant le commerce international. Les efforts de reconstruction dans les régions déchirées par la guerre ont donné lieu à d'importants investissements, entraînant une redistribution des richesses et des ressources à une échelle jamais vue auparavant. Si la guerre a fait payer un lourd tribut aux infrastructures, elle a également nécessité une reconstruction à grande échelle, ce qui a favorisé les industries spécialisées dans la construction, les matières premières et les services d'ingénierie. Les effets de ce boom économique se sont étendus bien au-delà des industries directement impliquées dans l'effort de guerre, favorisant un climat d'innovation et de concurrence qui a jeté les bases d'avancées transformatrices dans les technologies et les processus de fabrication. L'interaction entre le progrès technologique et la croissance économique est devenue une caractéristique essentielle de l'après-guerre, ouvrant la voie à une ère de prospérité sans précédent et préparant le terrain pour le paysage industriel moderne.

La transition de la guerre à la paix

Lorsque la poussière de la guerre est retombée, la puissance industrielle qui avait alimenté le conflit s'est retrouvée à un carrefour critique. Le passage d'une économie de guerre à une économie de paix présente de nombreux défis et opportunités. Le changement soudain de la demande et des priorités a nécessité une restructuration fondamentale des industries qui avaient été galvanisées par les efforts de guerre. Le complexe industriel, autrefois motivé par l'urgence de la guerre, devait désormais redéfinir son objectif et ses activités dans un monde en quête de stabilité et de reconstruction. L'un des aspects essentiels de cette transition était la démobilisation de la production en temps de guerre et la réintégration de la main-d'œuvre et des ressources dans les secteurs civils. Il s'agissait de rationaliser les processus de fabrication, de réaffecter les installations et de réaligner les chaînes d'approvisionnement pour répondre aux besoins des marchés du temps de paix.

La main-d'œuvre qui avait été mobilisée pour la guerre devait être reconvertie dans des rôles civils, ce qui représentait un ensemble complexe de défis sociaux et économiques. La conversion des technologies et de l'expertise développées pendant la guerre pour des applications pacifiques a encore accentué le changement. Les innovations dans des domaines tels que l'aviation, la science des matériaux et les communications, , qui avaient favorisé les progrès militaires, promettaient désormais d'améliorer la productivité, les transports et le développement des infrastructures dans l'après-guerre. Ce processus de transfert et d'adaptation des technologies a ouvert un nouveau chapitre de l'évolution industrielle, où les leçons tirées des efforts de guerre ont ouvert la voie à des progrès sans précédent dans divers domaines civils. Simultanément, le paysage mondial des échanges et du commerce s'est transformé.

De nouvelles relations internationales sont apparues, remodelant la dynamique économique au-delà des frontières. La récupération et la redistribution des ressources, précédemment allouées à la guerre, ont nécessité des négociations diplomatiques et l'engagement dans des projets de coopération visant à favoriser les avantages mutuels et la stabilité. Les efforts de reconstruction et de réhabilitation ont exigé une collaboration et une innovation d'une ampleur sans précédent, favorisant de nouveaux paradigmes d'interdépendance économique et de développement. En substance, la transition de la guerre à la paix a marqué un tournant dans l'histoire, où les prouesses et les capacités industrielles ont été remodelées pour servir la grande cause de la prospérité et du progrès. Cette métamorphose n'a pas seulement impliqué l'ajustement des biens matériels et des infrastructures, mais aussi un recalibrage collectif des valeurs et des aspirations de la société. Les enseignements tirés de cette période de transition continuent d'offrir des récits et des principes éclairants pour la gestion des transformations industrielles dans le paysage mondial dynamique d'aujourd'hui.

Conclusion : Leçons pour l'industrie du futur

Lorsque nous réfléchissons aux profondes transformations qui se sont produites pendant la transition de la guerre à la paix, il devient évident que des leçons précieuses peuvent être tirées pour l'avenir de l'industrie. La période qui a suivi la production en temps de guerre a été marquée par un changement rapide des priorités, les nations du monde entier ayant réorienté leurs efforts vers la reconstruction et la mise en place de systèmes économiques durables. Cette phase a mis à nu la résilience et l'adaptabilité des secteurs industriels, offrant des perspectives inestimables sur le potentiel de changement transformateur. Les leçons tirées de cette période transitoire ont une importance durable pour la trajectoire des industries futures. L'un des aspects essentiels de cette transition est la nécessité d'une innovation diversifiée. La guerre a nécessité une mobilisation sans précédent des ressources et des talents, ce qui a donné lieu à des avancées révolutionnaires dans divers domaines. Lorsque l'industrie est passée au temps de paix, le défi consistait à exploiter cet élan et à le canaliser vers divers domaines tels que l'infrastructure, la technologie et les biens de consommation. Cette diversification a mis en évidence la capacité de l'industrie à pivoter rapidement et à répondre à l'évolution de la demande, un phénomène qui a des implications directes sur les futurs paysages industriels.

Par ailleurs, le passage de la guerre à la paix a mis en évidence l'impératif d'une gestion durable des ressources. Pendant la production en temps de guerre, la conservation et l'optimisation des ressources sont apparues comme une priorité essentielle, permettant de soutenir les efforts militaires. Toutefois, lorsque l'accent a été mis sur la reconstruction et la croissance, le paradigme de la gestion des ressources a subi une transformation substantielle. Les principes d'efficacité et de durabilité qui ont été affinés dans le creuset des exigences du temps de guerre continuent de résonner comme des principes directeurs pour les industries futures, soulignant l'importance durable d'une utilisation responsable des ressources. La dynamique sociopolitique qui s'est développée lors du passage de la guerre à la paix a également permis de tirer des enseignements pertinents pour l'industrie du futur. La réintégration de la main-d'œuvre, ainsi que la restauration et la réconciliation de la société, ont constitué une entreprise à multiples facettes qui a mis en évidence la relation symbiotique entre le progrès industriel et les objectifs sociaux primordiaux. Les stratégies et les politiques adoptées à cette époque ont non seulement facilité le rajeunissement économique, mais ont également créé des précédents en matière de croissance inclusive et d'opportunités équitables dans les cadres industriels. Ces fondements se répercutent à l'horizon des industries futures, soulignant le rôle fondamental des approches centrées sur l'humain et la promotion de communautés résilientes et adaptatives.

En somme, la transition de la guerre à la paix témoigne de la remarquable capacité des industries à évoluer, à innover et à provoquer des changements conséquents à l'échelle mondiale. Les leçons tirées de cette phase de transformation servent de guide pour la trajectoire future des industries - un héritage imprégné d'idées vitales, annonçant la promesse de pratiques industrielles dynamiques, durables et inclusives pour les générations à venir.

15

Les jeux d'espionnage

L'espionnage pendant la Seconde Guerre mondiale

L'espionnage pendant la Seconde Guerre mondiale représente une facette complexe et intrigante du conflit mondial, caractérisée par des opérations clandestines et des collectes de renseignements aux enjeux considérables. Les origines de l'espionnage remontent à l'urgence et à la nécessité pour les nations d'acquérir un avantage stratégique sur leurs adversaires. Dans le creuset de la guerre, l'art de l'espionnage est apparu comme un outil essentiel pour comprendre les intentions de l'ennemi, ses capacités militaires et ses manœuvres politiques. Les motivations des activités d'espionnage au cours de cette période étaient profondément ancrées dans les impératifs de protection des intérêts nationaux, de garantie de la supériorité militaire et d'obtention de renseignements vitaux pour éclairer les décisions stratégiques. Alors que les pays se trouvaient plongés dans un conflit mondial dévastateur, le besoin d'informations précises et opportunes est devenu primordial, ce qui a entraîné une expansion sans précédent des réseaux d'espionnage et un perfectionnement de l'art de l'espionnage. L'immense pression exercée pour recueillir des renseignements exploitables, pénétrer les lignes ennemies et décoder des messages cryptés a stimulé le développement de réseaux d'espionnage sophistiqués et d'agents secrets.

Les dimensions morales et éthiques de l'espionnage ont été mises à l'épreuve de manière unique pendant la Seconde Guerre mondiale, les agents étant aux prises avec les complexités de l'espionnage, notamment les dilemmes moraux inhérents à la tromperie, au sabotage et au subterfuge. Ce chapitre vise à plonger dans l'histoire fascinante de l'espionnage pendant la Seconde Guerre mondiale, en mettant en lumière les motivations multiformes, la dynamique opérationnelle et l'impact durable des activités de renseignement clandestines qui ont remodelé le cours de l'histoire.

Recrutement et formation des espions

Le recrutement et la formation des espions pendant la Seconde Guerre mondiale ont été un processus crucial et secret qui a joué un rôle essentiel dans l'évolution de l'histoire. L'identification d'agents potentiels possédant les compétences et les attributs nécessaires exigeait une attention méticuleuse aux détails, ainsi qu'une connaissance approfondie du paysage géopolitique. Les services de renseignement parcouraient méticuleusement les différents secteurs de la société afin d'identifier les individus qui possédaient les qualités de discrétion, d'ingéniosité et d'engagement inébranlable envers leur mission. Les recrues provenaient souvent d'horizons divers, notamment du monde universitaire, des affaires et de l'armée, ce qui permettait de tirer parti d'un large éventail d'expertises et de compétences. Une fois identifiés, les agents potentiels sont soumis à un processus de sélection rigoureux, au cours duquel leur capacité à maintenir le secret et à faire face à une pression intense est minutieusement évaluée. Ceux qui ont démontré un potentiel exceptionnel ont ensuite été soumis à des programmes de formation intensive spécialement conçus pour cultiver leurs compétences en matière d'espionnage. Ces programmes couvrent un large éventail de sujets tels que les techniques de surveillance, la cryptographie, la sécurité opérationnelle et la manipulation psychologique.

Outre les compétences techniques, les recrues étaient également formées à l'art de s'intégrer harmonieusement dans des cultures et des circonstances différentes, et suivaient souvent des cours d'immersion linguistique et de sensibilisation culturelle afin de garantir leur efficacité dans des environnements étrangers. Par ailleurs, elles apprenaient les subtilités de la création et du maintien de couvertures, de l'établissement de canaux de communication sécurisés et de l'évitement de la détection par les services de contre-espionnage de l'ennemi. La préparation psychologique des espions était tout aussi cruciale, les stagiaires recevant une formation sur la force mentale nécessaire pour résister aux interrogatoires, supporter l'isolement et prendre des décisions de vie ou de mort en une fraction de seconde. Une fois bien formés, ces agents étaient déployés stratégiquement à travers les lignes et les territoires ennemis, où ils accomplissaient des missions cruciales pour l'effort de guerre. Le recrutement et la formation des espions restent un témoignage fascinant de la nature clandestine de l'espionnage pendant la Seconde Guerre mondiale, mettant en évidence la préparation méticuleuse et le courage extraordinaire qui caractérisent ces héros méconnus de l'histoire.

Les outils du métier : gadgets et technologie

Dans le monde de l'espionnage pendant la Seconde Guerre mondiale, les progrès technologiques ont joué un rôle essentiel en fournissant aux espions des outils non seulement innovants, mais aussi souvent en avance sur leur temps. Ces gadgets ont permis aux agents clandestins de recueillir des renseignements, de mener des opérations secrètes et de communiquer en toute sécurité, ce qui a finalement influencé le cours de la guerre. L'un des dispositifs les plus emblématiques utilisés par les espions est la machine Enigma, un outil de cryptage complexe utilisé par les puissances de l'Axe pour coder des messages sensibles. Les efforts de décryptage menés par les décrypteurs, dont Alan Turing, ont permis de révéler les plans de l'ennemi et d'obtenir des avantages stratégiques. En plus, des caméras de pointe dissimulées dans des objets de la vie quotidienne, tels que des étuis à cigarettes ou des boutons, ont permis aux espions de prendre discrètement des photos de documents et d'installations classifiés. Ces caméras miniatures, mais puissantes ont révolutionné le domaine de la collecte de renseignements, permettant une reconnaissance furtive et l'acquisition d'informations vitales.

Par ailleurs, des armes déguisées, allant du pistolet à plume au pistolet à rouge à lèvres, ont permis aux agents de disposer de moyens d'autodéfense clandestins lors de rencontres à fort enjeu. Des émetteurs radio camouflés en objets anodins fournissaient des canaux de communication cruciaux aux agents infiltrés, leur permettant de transmettre des données sensibles sans éveiller les soupçons. Le développement de la technologie du microfilm a également facilité la dissimulation et le transport de grands volumes de documents, garantissant ainsi la sécurité du transport de renseignements critiques. La complexité et l'ingéniosité de ces gadgets soulignent à quel point la technologie s'est imbriquée dans l'art de l'espionnage, illustrant l'ingéniosité et l'innovation dont ont fait preuve les services de renseignement des Alliés et de l'Axe. En approfondissant le domaine des technologies d'espionnage, il devient évident que ces avancées ont remodelé le paysage de l'espionnage en temps de guerre, renforçant l'importance des inventions pionnières dans l'élaboration de l'issue des conflits les plus importants de l'histoire.

Opérations stratégiques : Derrière les lignes ennemies

Pendant la Seconde Guerre mondiale, les opérations stratégiques menées derrière les lignes ennemies ont joué un rôle essentiel dans l'évolution de la guerre. Ces missions secrètes étaient méticuleusement planifiées et exécutées afin de perturber les activités de l'ennemi, de recueillir des renseignements et de soutenir les mouvements de résistance. Le succès de ces opérations dépendait souvent de la capacité des agents à se fondre dans la population locale et à opérer subrepticement en territoire hostile. Derrière les lignes ennemies, les agents sont confrontés à de nombreux défis, notamment celui de naviguer en terrain inconnu, d'échapper aux patrouilles ennemies et de communiquer en toute sécurité avec leurs supérieurs. Ils comptaient sur leur ingéniosité, leur capacité d'adaptation et leur formation approfondie pour mener à bien leurs missions tout en minimisant le risque d'être repérés. Pour atteindre leurs objectifs, les opérateurs ont souvent recours à une combinaison de techniques, telles que le déguisement, le sabotage et les communications clandestines.

L'une des principales opérations stratégiques menées derrière les lignes ennemies consistait à saboter les infrastructures et les lignes d'approvisionnement de l'ennemi. Des équipes spécialisées étaient chargées de perturber les réseaux de transport ennemis, de détruire les installations clés et de saboter les voies d'approvisionnement vitales. Ces actes de sabotage n'infligent pas seulement des dommages directs à l'ennemi, mais sèment également la confusion et le désarroi dans ses rangs, contribuant ainsi à l'effort de guerre global. Outre le sabotage, la collecte de renseignements est un autre aspect essentiel des opérations stratégiques menées derrière les lignes ennemies. Les opérateurs sont formés pour observer et signaler les mouvements de l'ennemi, recueillir des informations sur ses déploiements et évaluer le moral et les capacités des forces ennemies. Ces renseignements précieux ont fourni aux commandants alliés des informations vitales qui ont influencé leurs décisions tactiques et stratégiques.

Derrière les lignes ennemies, les agents travaillaient en étroite collaboration avec les groupes de résistance locaux, forgeant des partenariats et apportant un soutien aux forces indigènes. La collaboration avec les réseaux locaux a permis aux agents d'exploiter les connaissances locales et d'établir des canaux de diffusion des informations et de coordination des actions. Cette collaboration a favorisé un sentiment de solidarité et inspiré la résilience des populations locales, renforçant leur détermination à résister à l'occupation ennemie. L'exécution réussie d'opérations stratégiques derrière les lignes ennemies exigeait de la précision, de la discrétion et un engagement sans faille. Ces missions secrètes, souvent menées sous le couvert de l'obscurité et face à de graves dangers, illustrent la bravoure et l'ingéniosité des agents qui ont osé s'aventurer en territoire hostile pour mener une bataille d'un genre différent - une bataille menée dans l'ombre, où la victoire dépend du secret, de la ruse et du courage.

Les personnages clés des réseaux d'espionnage

Pendant la Seconde Guerre mondiale, le succès des opérations d'espionnage et de renseignement dépendait du dévouement et de l'habileté des personnages clés des réseaux d'espionnage. Ces personnes opéraient souvent dans l'ombre, faisant preuve d'un courage et d'une ingéniosité remarquables dans leur quête d'informations cruciales. C'est le cas de Virginia Hall, une espionne américaine qui a surmonté de nombreux obstacles, dont une prothèse de jambe, pour devenir l'un des agents alliés les plus efficaces dans la France occupée. Ses efforts ont permis de soutenir le mouvement de résistance et de recueillir des renseignements vitaux pour les Alliés. Juan Pujol Garcia, un agent double espagnol qui a joué un rôle essentiel en trompant le haut commandement allemand sur le lieu de l'invasion du jour J, est une autre figure marquante. Travaillant sous le nom de code "Garbo", sa capacité à fabriquer des informations erronées et convaincantes a permis de sauver d'innombrables vies et de garantir le succès de l'opération alliée. Les réseaux d'espionnage ont également bénéficié des talents remarquables de Noor Inayat Khan, une musulmane britannique qui a fait preuve d'une bravoure extraordinaire en tant que radiotélégraphiste dans la France occupée par les nazis. Malgré le danger, elle a poursuivi ses communications clandestines jusqu'à ce qu'elle soit capturée par la Gestapo, subissant des interrogatoires musclés sans révéler d'informations cruciales. Il ne s'agit là que de quelques exemples des personnes remarquables dont les contributions au sein des réseaux d'espionnage ont modifié le cours de l'histoire au cours de cette période tumultueuse. Leurs histoires témoignent de l'altruisme et de l'ingéniosité qui ont caractérisé les efforts d'espionnage de la Seconde Guerre mondiale.

Méthodes de communication et décryptage de codes

Pendant la Seconde Guerre mondiale, les méthodes de communication efficaces et le décryptage des codes ont joué un rôle crucial dans le succès des opérations d'espionnage et des opérations militaires. L'Axe et les Alliés ont utilisé des codes et des systèmes de chiffrement complexes pour transmettre des informations vitales tout en essayant d'intercepter et de déchiffrer les messages de leurs adversaires. L'un des exemples les plus célèbres de décryptage réussi est celui de l'équipe britannique de Bletchley Park, qui a décrypté le code de la machine allemande Enigma, permettant ainsi aux Alliés d'obtenir des renseignements inestimables. L'utilisation par les puissances de l'Axe de dispositifs de cryptage tels que l'Enigma et le Lorenz SZ40/42 a nécessité des approches innovantes pour intercepter, déchiffrer et exploiter leurs communications codées. Inversement, les agents clandestins ont utilisé diverses formes de messages cachés, notamment des encres invisibles, des micropoints et même des objets quotidiens apparemment inoffensifs contenant des informations secrètes. Ces méthodes de communication secrètes ont exigé de l'ingéniosité et de la débrouillardise de la part des deux parties.

L'évolution de la cryptographie et de la cryptanalyse à

cette époque a marqué un tournant dans l'histoire de la sécurité de l'information et de la collecte de renseignements, jetant les bases de la cryptographie moderne et de la sécurité des communications. Les ressources investies dans le décryptage et l'interception des communications illustrent l'importance de la confidentialité et les efforts déployés par les nations pour sauvegarder et obtenir des informations essentielles. En comprenant les subtilités des méthodes de communication et des codes, nous comprenons mieux la guerre du renseignement qui a façonné les résultats de la Seconde Guerre mondiale et son impact sur les tactiques modernes de cybersécurité et d'espionnage.

Techniques d'infiltration et contre-espionnage

Les techniques d'infiltration et le contre-espionnage ont joué un rôle essentiel pendant la Seconde Guerre mondiale, influençant le cours de l'histoire par le biais d'opérations clandestines et d'espionnage stratégique. L'infiltration consistait en l'insertion discrète d'agents spécialement formés en territoire ennemi dans le but de recueillir des renseignements vitaux, de perturber les activités de l'ennemi et d'exécuter des missions secrètes. Le succès de ces opérations dépendait en grande partie de la capacité à ne pas être détecté tout en s'intégrant parfaitement à l'environnement local.

Le contre-espionnage, quant à lui, englobe les mesures défensives destinées à contrecarrer l'infiltration de l'ennemi et à protéger les informations classifiées. Il s'agit d'identifier et de neutraliser les espions ennemis et de mettre en œuvre des protocoles de sécurité pour protéger les ressources militaires, politiques et technologiques sensibles. Les efforts de contre-espionnage se sont également concentrés sur la détection et le décryptage des codes et des algorithmes de chiffrement de l'ennemi afin d'empêcher l'accès non autorisé à des communications cruciales. Les techniques d'infiltration varient considérablement, allant de l'utilisation d'agents infiltrés se faisant passer pour des civils ou des réfugiés à l'insertion de forces spéciales hautement qualifiées derrière les lignes ennemies. Les agents utilisaient de faux documents, des déguisements et des compétences linguistiques pour se fondre dans la population locale, tout en menant des opérations de reconnaissance et en transmettant des informations cruciales à leurs supérieurs. La capacité à maintenir une couverture en cas d'examen minutieux et d'interrogatoire est essentielle au succès de ces agents, qui doivent souvent faire preuve de nerfs d'acier et d'une grande vivacité d'esprit dans des situations imprévisibles.

Une infiltration réussie exigeait une planification et une coordination méticuleuses, ainsi qu'une connaissance détaillée de la zone cible, de ses habitants et des modes opératoires de l'ennemi. Cette connaissance approfondie a permis aux agents de naviguer sur des terrains complexes, d'établir des refuges et de recueillir des renseignements sans éveiller les soupçons. Dans certains cas, les agents ont dû endurer de longues périodes d'isolement et de danger extrême, faisant preuve d'une résilience et d'un engagement remarquables envers leur mission, malgré des obstacles insurmontables. Les stratégies de contre-espionnage reposaient sur une approche à multiples facettes, comprenant la surveillance, l'analyse des communications ennemies interceptées et la mise au point d'opérations de tromperie complexes destinées à induire en erreur les agents ennemis. La mise en place d'agents doubles et la diffusion de fausses informations sont des tactiques fréquemment utilisées pour tromper les services de renseignement ennemis et perturber leurs activités.

Des mesures de sécurité rigoureuses ont été mises en œuvre pour protéger les installations militaires clés, les centres de recherche et les centres de commandement contre l'infiltration ou le sabotage par des agents ennemis. L'interaction entre les techniques d'infiltration et le contre-espionnage a façonné le délicat équilibre des forces en temps de guerre, influençant l'issue de batailles décisives et la trajectoire générale du conflit. Les renseignements glanés lors d'infiltrations réussies ont fourni des informations cruciales qui ont guidé les stratégies militaires, ciblé des ressources ennemies de grande valeur et soutenu le moral des forces alliées. À l'inverse, des efforts de contre-espionnage efficaces ont permis d'éviter que des informations vitales ne tombent entre les mains de l'ennemi, préservant ainsi l'avantage stratégique et atténuant l'impact de l'espionnage sur les efforts de guerre. La danse complexe de l'infiltration et du contre-espionnage illustre les enjeux élevés de l'espionnage, dont chaque mouvement a des répercussions profondes sur l'issue de la guerre. Au fil du conflit, les innovations en matière de stratégies d'espionnage offensives et défensives ont continué d'évoluer, façonnant le paysage changeant des opérations clandestines et laissant une marque indélébile dans les annales de l'histoire.

Les grandes affaires d'espionnage : Succès et échecs

Tout au long de la Seconde Guerre mondiale, l'espionnage a joué un rôle essentiel dans l'issue de batailles et de décisions stratégiques cruciales. C'est pourquoi nous nous arrêtons pour examiner certaines des affaires d'espionnage les plus importantes qui ont influencé le cours de la guerre, en mettant en lumière les succès et les échecs notables.

L'un de ces cas est l'opération Mincemeat, une stratégie de tromperie britannique très réussie qui a induit en erreur les puissances de l'Axe au sujet de l'invasion de l'Europe du Sud par les Alliés. En plaçant de faux documents sur un cadavre au large des côtes espagnoles, les Alliés ont réussi à tromper les services de renseignement allemands, détournant ainsi les forces nazies de leur véritable objectif, la Sicile. Cette opération ingénieuse est célébrée comme un exemple classique d'espionnage réussi, qui a considérablement modifié le cours de la guerre. Un autre succès notable a été le décryptage du code allemand Enigma par les cryptanalystes alliés de Bletchley Park. Cette percée a fourni des renseignements inestimables aux Alliés, leur permettant d'anticiper et de contrer les mouvements militaires allemands, ce qui a finalement fait pencher la balance en leur faveur.

Cependant, il y a également eu des échecs importants en matière d'espionnage qui ont eu des conséquences néfastes. Un cas tristement célèbre est la capture et la conversion ultérieure de plusieurs agents doubles par les Soviétiques au sein des réseaux d'espionnage britannique et américain. Cette trahison a permis d'exposer de nombreuses opérations vitales et de compromettre l'intégrité des services de renseignement occidentaux. Par ailleurs, l'échec de l'opération Tiger, une répétition planifiée pour le débarquement du jour J, en raison d'une attaque allemande, a entraîné d'importantes pertes humaines et la perte d'un secret crucial au profit de l'ennemi. Ces échecs soulignent les enjeux élevés et les risques inhérents à l'espionnage, et mettent en évidence l'interaction complexe entre le succès et l'échec dans le monde obscur des opérations clandestines. En examinant ces exemples, il devient évident que l'espionnage pendant la Seconde Guerre mondiale s'est caractérisé par un équilibre précaire entre triomphes et échecs, soulignant l'impact profond du renseignement secret sur l'issue des événements historiques.

Impact de l'espionnage sur les résultats de la guerre

L'espionnage a joué un rôle décisif dans l'issue de la Seconde Guerre mondiale. La collecte et la transmission de renseignements cruciaux ont considérablement influencé la prise de décision stratégique et les opérations militaires, ce qui a finalement eu un impact sur le cours général de la guerre. En acquérant des informations précieuses sur les mouvements, les capacités et les intentions de l'ennemi, l'espionnage a permis aux forces alliées d'anticiper et de contrer les offensives de l'Axe. À l'inverse, les opérations de renseignement de l'Axe visaient à saper les efforts alliés et à obtenir la supériorité par la tromperie et le sabotage.

Les missions d'infiltration et de reconnaissance

menées avec succès par des agents qualifiés ont fourni des informations essentielles sur les plans, les fortifications et les vulnérabilités de l'ennemi, permettant aux commandants de concevoir des tactiques efficaces et d'ajuster les stratégies de combat en temps réel. L'interception et le décryptage de communications cryptées, comme le décryptage des codes Enigma, ont permis de dévoiler des directives vitales de l'ennemi et de faciliter des actions préventives qui se sont souvent révélées décisives lors d'engagements cruciaux.

La diffusion de fausses informations et de désinformations par les deux camps visait à semer la confusion et à induire en erreur les adversaires, à détourner les ressources et à semer la discorde au sein des forces opposées. Les opérations secrètes ont également joué un rôle en influençant l'opinion publique, tant au niveau national qu'international, en façonnant les perceptions de l'effort de guerre et en obtenant un soutien pour les campagnes de propagande. L'impact de l'espionnage s'est étendu au-delà du champ de bataille, imprégnant les négociations diplomatiques et façonnant les accords géopolitiques d'après-guerre.

Alors que la guerre touchait à sa fin, les renseignements obtenus grâce à l'espionnage ont guidé la planification des dernières offensives et contribué à la conclusion rapide des hostilités. Les connaissances acquises grâce aux réseaux d'espionnage et aux missions de reconnaissance ont permis d'identifier des cibles stratégiques et de porter les coups dévastateurs qui ont conduit à la défaite des puissances de l'Axe. L'héritage de l'espionnage en temps de guerre s'est répercuté sur le site dans l'après-guerre, jetant les bases de l'évolution des agences de renseignement et de la formulation de nouvelles doctrines de sécurité pour faire face aux menaces mondiales émergentes. L'influence profonde de l'espionnage sur les résultats de la Seconde Guerre mondiale confirme son statut d'élément indispensable de la guerre moderne, démontrant l'importance durable des opérations clandestines dans le façonnement des événements historiques et la préservation de la sécurité nationale.

Passage de l'espionnage en temps de guerre aux tactiques de la guerre froide

À la fin de la Seconde Guerre mondiale, le paysage du renseignement a connu un changement important, le monde entrant dans l'ère troublée de la guerre froide. Le passage de l'espionnage de guerre aux tactiques de la guerre froide a marqué un nouveau chapitre de l'espionnage mondial, caractérisé par des stratégies en constante évolution, des tensions accrues et un réseau complexe de surveillance et d'opérations secrètes. Alors que les anciens alliés devenaient des rivaux, les puissances alliées et leurs anciens adversaires n'ont pas tardé à adapter leurs méthodes de collecte de renseignements aux exigences de ce nouveau climat géopolitique.

La guerre froide a vu l'émergence d'une myriade d'activités clandestines alimentées par la concurrence idéologique et la recherche d'avantages stratégiques. Les tactiques d'espionnage traditionnelles telles que l'infiltration, la surveillance et la collecte de renseignements ont continué à jouer un rôle essentiel, mais de nouvelles avancées technologiques ont commencé à façonner la manière dont les informations étaient obtenues, diffusées et protégées. L'utilisation d'appareils de communication innovants, la cryptanalyse et le domaine en plein essor du renseignement d'origine électromagnétique sont devenus essentiels pour obtenir un avantage concurrentiel.

Au premier plan de cette évolution se trouve le rôle croissant des agences de renseignement nationales telles que la CIA, le KGB, le MI6 et leurs homologues dans d'autres pays. La nature secrète de leurs activités a souvent brouillé la frontière entre l'espionnage, le contre-espionnage et la guerre psychologique. La propagande, les campagnes de désinformation et les opérations secrètes sont devenues des outils essentiels dans la lutte silencieuse pour la domination.

Simultanément, l'avènement de l'ère nucléaire a ajouté un nouveau degré de complexité aux opérations de renseignement. La course à la supériorité nucléaire a alimenté une quête incessante d'informations sur le développement des armes, les stratégies de déploiement et les intentions des puissances rivales. Cela a conduit à une focalisation sans précédent sur le renseignement scientifique et technique, nécessitant le recrutement d'agents spécialisés dans des domaines tels que la physique, l'ingénierie et la science nucléaire.

La nature dynamique des opérations de renseignement de la guerre froide a également donné naissance au phénomène des agents doubles, des taupes et des transfuges, dont les actions ont influencé le cours de l'histoire à de nombreuses reprises. Les cas tristement célèbres de renégats tels que Kim Philby et Aldrich Ames ont mis en évidence la vulnérabilité de l'appareil de renseignement, même le plus sophistiqué, face aux menaces internes. La confiance, la trahison et la danse délicate de la tromperie ont défini cette période tumultueuse, où chaque information pouvait faire pencher la balance du pouvoir.

À mesure que la guerre froide se déroulait, la course aux armements technologiques s'intensifiait, donnant naissance aux satellites de surveillance, à la reconnaissance aérienne et à d'autres outils d'espionnage en haute altitude. La possibilité de surveiller les mouvements et les activités des adversaires depuis l'espace a révolutionné la portée et l'étendue de la collecte de renseignements, modifiant à jamais la dynamique des relations internationales. En substance, le passage de l'espionnage en temps de guerre aux tactiques de la guerre froide a ouvert une ère de sophistication et d'intrigues sans précédent dans le domaine de l'espionnage.

16

Impact sur l'industrie et la technologie modernes

Retracer la lignée technologique

Les lendemains de la Seconde Guerre mondiale ont marqué un tournant dans l'histoire de l'humanité, avec des avancées technologiques sans précédent émergeant des cendres du conflit. Lorsque nous nous penchons sur l'héritage de l'innovation en temps de guerre, il apparaît clairement que les progrès techniques et les techniques de production mis au point pendant cette période turbulente ont indéniablement façonné le paysage industriel moderne. Pour comprendre l'impact profond de ces développements, il est impératif de retracer le contexte historique qui a entouré leur genèse. Les exigences de la guerre ont entraîné une expansion rapide des capacités de fabrication, propulsant les industries vers des sommets étonnants de productivité et de précision. La quête d'un armement supérieur a donné lieu à des innovations incessantes, favorisant un environnement où les prouesses d'ingénierie s'entrecroisaient avec des méthodologies de production d'avant-garde.

Cette synergie dynamique a jeté les bases d'une lignée de merveilles technologiques qui continuent de résonner dans les pratiques industrielles contemporaines. L'exploration de cette lignée génétique de l'innovation offre un récit captivant qui non seulement élucide le chemin parcouru du passé au présent, mais fournit également des indications précieuses sur l'évolution des paradigmes industriels. En disséquant la métamorphose progressive des exigences du temps de guerre aux applications du temps de paix, nous pouvons discerner l'impression durable des triomphes de l'ingénierie et de la production qui ont imprégné pratiquement toutes les facettes du monde moderne. Ainsi, en nous lançant dans cette exploration, nous sommes prêts à découvrir la tapisserie fascinante de la lignée technologique, tissée de manière complexe à travers le tissu du temps, illustrant l'influence inébranlable du creuset de la Seconde Guerre mondiale sur les domaines de l'industrie et de la technologie.

Progrès techniques et techniques de production

Au lendemain de la Seconde Guerre mondiale, le monde a connu un essor remarquable des progrès de l'ingénierie et des techniques de production qui allaient redéfinir les industries du monde entier. La nécessité d'une production de masse pendant la guerre a catalysé les innovations dans les processus et les techniques de fabrication, ce qui a donné naissance à l'ingénierie industrielle moderne. L'une des avancées majeures a été la mise en œuvre de la production à la chaîne, défendue par des personnalités telles que Henry Ford. Cette innovation a révolutionné le paysage manufacturier en permettant une production rationalisée et efficace des biens de consommation. Les ingénieurs et les concepteurs industriels ont joué un rôle crucial dans l'optimisation des chaînes de production et le développement de machines de pointe pour répondre aux exigences croissantes de l'économie d'après-guerre. Cette époque a également vu l'adoption généralisée de nouveaux matériaux et alliages, sous l'impulsion des besoins urgents de la guerre. La mise au point d'acier à haute résistance, d'alliages d'aluminium et de polymères avancés a non seulement renforcé les capacités militaires, mais a également trouvé de nombreuses applications dans les secteurs civils, de la construction automobile à la construction.

L'introduction des systèmes de conception assistée par ordinateur (CAO) et de fabrication assistée par ordinateur (FAO) a représenté un bond en avant monumental dans les processus d'ingénierie. Ces technologies ont facilité l'ingénierie de précision, le prototypage rapide et le passage en douceur de la conception à la production. D'autre part, l'automatisation des processus de fabrication a permis de maximiser l'efficacité, de réduire les marges d'erreur et d'accélérer la mise sur le marché des nouveaux produits. L'après-guerre a également marqué l'avènement de l'énergie nucléaire et son intégration dans la production d'électricité. Le développement des réacteurs nucléaires, motivé en partie par la recherche militaire, a engendré une multitude de défis et d'opportunités en matière d'ingénierie. Cette technologie de pointe a finalement façonné le secteur de l'énergie et influencé les pratiques d'ingénierie, ouvrant la voie à des progrès dans les protocoles de sécurité, la science des matériaux et l'exploitation de sources d'énergie alternatives.

Le domaine naissant de l'ingénierie aérospatiale a connu une croissance exponentielle au cours de cette période. L'expertise acquise grâce aux innovations aéronautiques en temps de guerre a alimenté les progrès rapides des technologies aérospatiales commerciales et militaires. L'émergence du vol supersonique, des matériaux composites et des systèmes de commandes de vol électriques a révolutionné le transport aérien et redéfini les limites de l'exploration humaine.

En somme, l'après-guerre a été le témoin d'une ère de transformation des progrès de l'ingénierie et des techniques de production qui a laissé une marque indélébile sur pratiquement tous les aspects de la vie moderne. La fertilisation croisée des technologies militaires et civiles a ouvert la voie au paysage contemporain de l'ingénierie, illustrant la capacité de l'humanité à transformer les vestiges des conflits en catalyseurs de progrès et d'innovation.

De la guerre aux lieux de travail : Innovations militaires à usage civil

Les innovations militaires ont toujours joué un rôle important dans l'évolution non seulement du champ de bataille, mais également de divers aspects de la vie civile. La transition des technologies militaires vers des applications civiles a été un moteur essentiel du progrès dans de nombreuses industries. De la mise au point de radars et de sonars pour suivre les mouvements de l'ennemi en temps de guerre à leur adaptation aux prévisions météorologiques, aux systèmes de navigation et à l'exploration marine, l'impact de ces avancées est profond.

L'un des exemples les plus remarquables de ce transfert est l'intégration de la technologie GPS dans les appareils et les applications de tous les jours. Développé à l'origine à des fins militaires pour assurer une navigation et un suivi précis, le GPS a révolutionné d'innombrables secteurs, du transport et de la logistique à l'agriculture et aux services d'urgence. De même, les progrès réalisés dans le domaine de la science des matériaux et des techniques de fabrication, initialement conçus pour le matériel militaire, ont trouvé une large application civile, stimulant l'innovation dans l'électronique grand public, l'ingénierie automobile et la fabrication de dispositifs médicaux.

Les investissements en recherche et développement réalisés par les organismes de défense ont souvent catalysé des percées dans des domaines tels que l'aérospatiale, les télécommunications et l'énergie. Prenez, par exemple, les travaux pionniers sur les véhicules aériens sans pilote (UAV) ou les drones, qui sont allés au-delà du renseignement et de la reconnaissance dans les opérations militaires pour s'appliquer à l'agriculture, à l'inspection des infrastructures et à la surveillance de l'environnement.

L'influence de l'innovation militaire s'étend au-delà du matériel pour englober les logiciels et les capacités informatiques. Les technologies de cryptage, initialement conçues pour sécuriser les communications militaires, font désormais partie intégrante de la protection des informations personnelles et financières sensibles à l'ère numérique. La puissance de traitement rapide et les exigences en matière de stockage des données pour les applications militaires ont conduit à des avancées dans le domaine du calcul à haute performance et des technologies en nuage, avec une myriade d'utilisations civiles, allant de la recherche scientifique au divertissement et au commerce électronique. Alors que nous continuons à assister à l'évolution des stratégies de guerre et de défense, il existe un potentiel inhérent de débordement des technologies de pointe dans les domaines civils. Les considérations responsables et éthiques entourant l'utilisation d'innovations d'origine militaire dans des sphères non militaires restent primordiales et nécessitent un dialogue et une réglementation réfléchis afin de maximiser les avantages pour la société tout en atténuant les risques potentiels. En fin de compte, la convergence des technologies militaires et civiles souligne la nature interconnectée du progrès et l'impact durable de l'innovation en matière de défense sur le tissu de la société moderne.

Électronique et informatique : Descendants directs

L'impact de la Seconde Guerre mondiale sur l'industrie et la technologie modernes est illustré le plus clairement par l'évolution de l'électronique et de l'informatique. L'urgence de développer des systèmes avancés de communication et de traitement de l'information en temps de guerre a catalysé des avancées significatives qui ont depuis lors remodelé le monde. Les technologies de pointe en matière de radar et de cryptographie employées pendant la guerre ont stimulé le développement des premiers ordinateurs , jetant ainsi les bases de l'ère numérique. L'ENIAC, l'un des premiers ordinateurs numériques électroniques à usage général, était un produit direct de la recherche en temps de guerre et illustre le rôle vital que l'innovation technologique militaire a joué dans la naissance de la révolution informatique. Au-delà du matériel, la guerre a également favorisé des progrès substantiels dans le développement de logiciels et d'algorithmes, comme en témoignent les percées réalisées par les décrypteurs et les cryptanalystes. L'héritage de ces développements perdure aujourd'hui dans notre dépendance à l'égard des systèmes informatiques sophistiqués et des technologies numériques dans tous les secteurs d'activité.

Les efforts de miniaturisation et de durabilité des composants électroniques en temps de guerre ont conduit à la création d'appareils électroniques résistants et fiables. L'accent mis sur la robustesse et l'efficacité a jeté les bases de l'industrie de l'électronique grand public, dont les applications vont des appareils ménagers aux appareils électroniques personnels. Le perfectionnement de la technologie des tubes à vide pour les applications militaires a non seulement donné naissance à l'ère des radios et des télévisions produites en masse, mais a également préparé le terrain pour la révolution des transistors qui a suivi et qui est à la base de l'informatique et des télécommunications modernes.

La recherche de systèmes de communication sûrs et efficaces a donné lieu au développement des premiers protocoles de mise en réseau et de transmission de données, marquant les premiers stades de ce qui deviendra plus tard l'internet et l'infrastructure mondiale des télécommunications. Outre l'infrastructure matérielle et de réseau, la guerre a nécessité l'accélération de la recherche en science des matériaux et en physique des semi-conducteurs, ce qui a permis d'acquérir des connaissances fondamentales qui ont propulsé l'industrie des semi-conducteurs à son niveau actuel. Le circuit intégré, une invention cruciale issue de cette volonté d'obtenir des appareils électroniques compacts et fiables, est aujourd'hui à la base de presque tous les appareils électroniques modernes, des smartphones aux équipements médicaux de pointe. L'impulsion donnée par la guerre à la rapidité des calculs et du traitement des données a déclenché un cycle perpétuel d'innovation et de progrès qui continue de façonner le paysage technologique du XXIe siècle. Alors que nous entrons dans l'ère de l'intelligence artificielle et de l'informatique quantique, il est essentiel de reconnaître les fondements historiques de ces avancées dans les impératifs urgents nés du creuset d'un conflit mondial.

Transformations de l'industrie chimique : Des explosifs aux produits pharmaceutiques

On ne saurait trop insister sur l'impact des progrès de la chimie en temps de guerre sur l'industrie moderne. C'est au cours des années de conflit que des transformations monumentales ont eu lieu dans le domaine du génie chimique, créant un profond effet d'entraînement qui continue à façonner de nombreux secteurs aujourd'hui. L'un des changements les plus importants s'est produit lors de la transition entre la production d'explosifs en temps de guerre et l'industrie pharmaceutique. La synthèse de divers composés chimiques destinés à être utilisés dans les explosifs et les agents de guerre chimique a accéléré la recherche de nouveaux procédés et applications chimiques.

Cet essor de l'innovation chimique a ouvert la voie à la mise au point de médicaments vitaux et de traitements révolutionnaires. Les progrès de la chimie de synthèse pendant la guerre, qui visaient à exploiter la puissance explosive, ont jeté les bases de la production de masse d'antibiotiques, d'hormones et d'autres produits pharmaceutiques essentiels aux soins de santé modernes. Aujourd'hui, de nombreux composés pharmaceutiques sont directement issus de produits chimiques conçus à l'origine pour les besoins de la guerre. La maîtrise de réactions chimiques complexes et les méthodes de production efficaces initialement conçues pour la guerre ont été parfaitement adaptées à la fabrication de médicaments essentiels à la lutte contre les maladies. Les connaissances stratégiques acquises en temps de guerre ont catalysé l'évolution du génie chimique, permettant la synthèse et la purification à grande échelle de divers composés.

Les connaissances acquises grâce à l'étude des effets toxicologiques des substances chimiques dans des contextes militaires ont permis une compréhension critique de la pharmacologie et de la toxicologie. Le passage du génie chimique centré sur les explosifs aux avancées pharmaceutiques représente l'un des héritages durables de l'innovation en temps de guerre. Cette transformation témoigne de l'adaptabilité et de la résilience des connaissances scientifiques, qui sont passées d'une fonction destructrice à une fonction d'entretien de la vie et du bien-être. Les implications éthiques d'une telle transition continuent de stimuler le discours sur le potentiel de double usage des développements technologiques issus de la guerre. L'exploration de ces intersections entre les technologies de guerre et les applications civiles permet de mieux comprendre l'impact durable des événements historiques sur les industries d'aujourd'hui.

L'évolution de l'automobile : Impacts de la grande vitesse

Au lendemain de la Seconde Guerre mondiale, l'industrie automobile a connu une évolution transformatrice qui s'est répercutée sur les économies et les sociétés du monde entier. La technologie éprouvée en temps de guerre ayant été réutilisée à des fins civiles, la demande de véhicules à hautes performances a explosé. L'émergence d'une culture de consommation dynamique a encore renforcé ce changement de paradigme, alimentant une quête incessante de vitesse et de luxe. Cet appétit insatiable pour l'innovation et le progrès a poussé les constructeurs à révolutionner leurs approches techniques, ce qui a eu un impact monumental sur l'industrie et la technologie modernes. L'impact de la grande vitesse s'est étendu au-delà des simples mesures de performance, englobant des aspects critiques tels que la sécurité, l'efficacité et les considérations environnementales. L'introduction de matériaux et de processus de fabrication avancés a permis de développer des structures de véhicules plus légères et plus robustes, annonçant une nouvelle ère de conceptions résistantes aux collisions. Parallèlement, des avancées révolutionnaires dans les domaines de l'aérodynamique et des systèmes de propulsion ont permis d'atteindre un rendement énergétique inégalé, en accord avec l'importance croissante accordée aux solutions automobiles durables.

L'avènement des automobiles hautes performances a exercé une profonde influence sur la culture populaire, incarnant l'intersection de la technologie et du style de vie. Les modèles emblématiques de constructeurs renommés sont devenus des symboles de statut et d'aspiration, transcendant leur fonction utilitaire pour incarner le summum des prouesses techniques et de la sophistication. Les épreuves de sport automobile, autrefois réservées à une niche de passionnés, sont devenues populaires, captivant le public par des spectacles riches en adrénaline et témoignant de l'ingéniosité et de l'ambition de l'homme.

Ce paysage transformé a ouvert la voie à des relations symbiotiques entre l'industrie automobile et les industries auxiliaires, suscitant de nouvelles collaborations et une pollinisation croisée de l'expertise. En particulier, la convergence des technologies automobiles et aérospatiales a accéléré le développement de caractéristiques de pointe, brouillant les frontières traditionnelles et propulsant la poursuite collective de l'excellence. L'intégration stratégique de la conception assistée par ordinateur et des matériaux avancés a donné naissance à des véhicules qui ont défié les limites conventionnelles, établissant de nouvelles références en matière de performance, de luxe et de sécurité.

À l'aube du XXIe siècle, l'évolution de l'automobile se poursuit sans relâche, portée par un engagement inébranlable en faveur de l'innovation et de la durabilité. Les forces perturbatrices de l'électrification et de la conduite autonome recalibrent l'essence même du transport automobile, promettant un avenir aussi exaltant que consciencieux. Les fondations posées durant la période d'après-guerre ont façonné de manière indélébile la trajectoire de l'industrie automobile, imprimant un héritage qui résonne à chaque tour d'un moteur surpuissant.

Développements aérospatiaux : Des fusées aux jets commerciaux

L'évolution de la technologie aérospatiale, qui est passée du domaine de la nécessité en temps de guerre à celui de la force motrice de la connectivité mondiale, témoigne de l'ingéniosité et de la persévérance de l'innovation humaine. Dans l'après-guerre, les progrès de la fusée et de la propulsion à réaction, issus de la recherche militaire, ont propulsé l'humanité vers de nouvelles frontières en matière d'exploration et de transport. Le développement et le perfectionnement de la technologie des fusées ont non seulement permis des avancées rapides dans l'exploration de l'espace, mais ont également jeté les bases de changements révolutionnaires dans l'aviation commerciale. Les entreprises, qui se concentraient auparavant uniquement sur la production d'avions de guerre, se sont tournées vers le marché civil en plein essor, donnant naissance à des noms emblématiques de l'industrie aérospatiale. Avec l'escalade de la guerre froide, la course à la conquête du ciel a suscité des investissements sans précédent dans l'ingénierie aérospatiale. La quête pour repousser les limites de la vitesse, de l'altitude et de la capacité d'emport a ouvert la voie à la genèse des vols supersoniques et, par la suite, hypersoniques. Le passage des avions militaires aux jets commerciaux a marqué un tournant dans la mobilité mondiale, avec une transformation spectaculaire du transport de passagers. Le passage aux avions de ligne à réaction a révolutionné le transport aérien, en rendant les destinations lointaines plus accessibles et en remodelant le commerce international et le tourisme.

Les progrès technologiques découlant du développement des missiles et des satellites ont contribué de manière significative à la précision et à la fiabilité des systèmes de navigation. L'intégration du GPS et de l'avionique avancée a élevé les normes de sécurité, réduisant la marge d'erreur et améliorant l'efficacité opérationnelle. Parallèlement, les innovations dans le domaine de la science des matériaux, initialement destinées à améliorer les performances des avions militaires, ont trouvé des applications dans la construction d'avions civils, ce qui a permis d'obtenir des avions plus légers, plus résistants et plus économes en carburant. Les considérations éthiques ont également joué un rôle essentiel dans la convergence des développements de l'aérospatiale militaire avec l'aviation commerciale.

À mesure que la société prenait conscience de l'impact sur l'environnement, l'industrie aérospatiale a dû faire face à une pression croissante pour optimiser la consommation de carburant et réduire les émissions. Cela a entraîné une vague de recherches et de stratégies de conception axées sur la création de systèmes de propulsion respectueux de l'environnement et de configurations d'aéronefs durables, conciliant ainsi progrès et responsabilité environnementale. L'héritage des progrès de l'aérospatiale s'étend au-delà des domaines de l'innovation et du commerce. Il a favorisé les échanges interculturels, élargi les horizons et rapproché le monde. L'éthique qui guidait autrefois la conception des avions de guerre a évolué vers un engagement en faveur de voyages aériens sûrs, efficaces et respectueux de l'environnement. La saga du développement aérospatial, des fusées aux jets commerciaux, témoigne de l'influence durable des technologies de l'époque de la guerre sur le façonnement du monde moderne.

Considérations éthiques dans les applications contemporaines

L'intégration des technologies de guerre dans l'industrie et la technologie modernes a soulevé des considérations éthiques complexes qui exigent une réflexion et un examen approfondis. Alors que la société exploite les progrès réalisés dans les domaines de l'aérospatiale, de l'automobile, de l'informatique et d'autres domaines influencés par les innovations du temps de guerre, les implications éthiques sont considérables. L'une des préoccupations les plus pressantes est de savoir dans quelle mesure ces technologies sont exploitées à des fins civiles plutôt qu'à des fins militaires ou de surveillance. L'utilisation responsable et éthique des technologies de pointe est au premier plan du discours public et de l'élaboration des politiques. Dans le contexte des développements aérospatiaux, les considérations éthiques englobent des questions telles que l'utilisation de la technologie des drones à des fins commerciales et militaires, suscitant des débats sur la protection de la vie privée, la sécurité et le risque d'utilisation abusive.

Dans le domaine de l'informatique et de l'intelligence artificielle, les questions relatives à la confidentialité des données, à la partialité des algorithmes et à l'impact sociétal de l'automatisation sont devenues primordiales. L'héritage de la recherche chimique et biologique en temps de guerre soulève également des dilemmes éthiques lorsqu'il est appliqué aux secteurs pharmaceutique et agricole modernes, ce qui incite à examiner de près les impacts écologiques, les risques pour la santé et la gestion prudente des substances potentiellement dangereuses.

L'évolution de l'ingénierie automobile, en particulier le développement de véhicules à grande vitesse et de technologies de conduite autonome, nécessite des discussions éthiques sur la sécurité, la responsabilité et le besoin de réglementations pour atténuer les dommages potentiels. Par ailleurs, alors que les innovations issues de la recherche en temps de guerre continuent de façonner l'industrie contemporaine, les entreprises sont confrontées à des défis éthiques liés aux droits de propriété intellectuelle, la responsabilité des entreprises et l'obligation de rendre des comptes dans le cadre de l'adoption des technologies. Les études de cas d'entreprises qui ont intégré des technologies de temps de guerre constituent un point de vue convaincant pour examiner les dimensions éthiques de l'exploitation d'innovations historiques et les responsabilités qui y sont associées. Ces études de cas offrent un aperçu précieux des processus de prise de décision, de l'équilibre entre les avantages et les risques pour la société et des stratégies employées pour garantir une adoption technologique fondée sur des principes. L'évaluation des implications éthiques de l'intégration des innovations de guerre dans l'industrie et la technologie modernes est cruciale pour guider un progrès responsable et durable. Comme le montrent les précédents historiques, le fait d'aborder ces considérations éthiques de manière proactive peut conduire à des avancées technologiques plus équitables, plus sûres et plus ancrées dans l'éthique, qui contribuent de manière positive à la société.

Études de cas : Histoires d'entreprises et adoption de technologies

Pour étudier l'impact de la technologie de la Seconde Guerre mondiale sur l'industrie et la technologie modernes, il est essentiel d'examiner des cas spécifiques où les entreprises ont joué un rôle essentiel dans l'adoption et l'intégration des innovations militaires dans les applications civiles. Ces études de cas permettent non seulement de comprendre l'évolution technologique, mais également de mettre en lumière les décisions organisationnelles et stratégiques qui ont façonné les paysages industriels contemporains. L'une de ces études de cas est celle d'IBM qui, pendant les années de guerre, était fortement impliquée dans la production d'équipements de tabulation pour les Alliés. Après la guerre, IBM a réussi sa transition vers l'informatique commerciale, devenant un pionnier des systèmes de traitement électronique des données et influençant profondément l'ère de l'informatique moderne. Un autre exemple fascinant est l'évolution de Volkswagen.

Conçue à l'origine par Ferdinand Porsche comme une voiture pour les masses sous le régime nazi, la coccinelle de Volkswagen est devenue un symbole emblématique du renouveau économique de l'après-guerre et un exemple classique de technologie militaire trouvant une utilité civile. Au cœur de ces études de cas se trouve la capacité d'adaptation des entreprises à reconnaître le potentiel des technologies transformationnelles et à les exploiter pour en tirer un avantage commercial. Un examen plus approfondi nous amène à l'industrie aérospatiale, où des entreprises comme Boeing et Lockheed Martin ont fait figure de pionniers dans l'aviation militaire et civile. L'adaptation réussie de la propulsion par fusée et des progrès aérodynamiques issus des développements en temps de guerre a ouvert la voie au transport commercial par avion à réaction, révolutionnant ainsi les transports mondiaux.

L'industrie chimique révèle des transformations intrigantes, avec des entreprises comme Bayer qui ont tiré parti de leur expertise en temps de guerre pour développer des matériaux synthétiques destinés à être utilisés dans des produits de consommation et des produits pharmaceutiques. En examinant les implications contemporaines, ces études de cas soulignent l'influence considérable des technologies de guerre sur diverses industries, illustrant l'interaction entre les héritages historiques et les innovations d'aujourd'hui. La compréhension de ces précédents historiques permet de mieux comprendre la dynamique de l'adoption des technologies, des stratégies concurrentielles et du positionnement sur le marché, ce qui, en fin de compte, façonne la trajectoire de l'industrie et de la technologie modernes.

Conclusion : L'influence continue et les trajectoires futures

Au terme de cette exploration de l'impact des technologies de guerre sur l'industrie et la technologie modernes, il apparaît clairement que l'héritage du conflit a laissé une marque indélébile sur la trajectoire de l'innovation. Les études de cas présentées illustrent la manière dont les entreprises ont adapté et adopté les technologies développées en temps de guerre pour révolutionner divers secteurs, de l'ingénierie et de la fabrication aux soins de santé et à la communication. Ces adaptations montrent la résilience et la capacité d'adaptation des industries qui intègrent les innovations militaires dans des produits et des processus qui profitent à l'ensemble de la société. Si l'on se tourne vers l'avenir, il est évident que l'influence de la technologie de guerre continuera à façonner le paysage de l'industrie et de la technologie modernes. L'une des trajectoires clés de se situe dans le domaine des considérations éthiques. Alors que nous allons de l'avant, il est urgent de se pencher sur les implications éthiques de l'exploitation des technologies issues de la guerre. L'utilisation responsable et consciencieuse de ces avancées sera essentielle pour garantir que les conséquences négatives potentielles soient minimisées tout en maximisant les avantages pour l'humanité.

L'influence continue de la technologie de guerre alimentera l'intégration continue de concepts d'ingénierie avancés dans les applications quotidiennes. Cette intégration catalysera l'évolution des technologies dans de multiples secteurs, brouillant davantage les frontières entre les silos traditionnels et favorisant la collaboration interdisciplinaire. La convergence des disciplines débouchera sans aucun doute sur des innovations révolutionnaires qui redéfiniront les paradigmes actuels de la technologie et de l'industrie. Plus précisément, alors que les progrès de l'aérospatiale continuent d'imprégner les secteurs commercial et privé, la trajectoire future laisse entrevoir des développements sans précédent dans le domaine du transport aérien durable, de l'exploration spatiale et de la technologie aérienne de pointe. L'influence continue des technologies de guerre se fait sentir dans le paysage économique, contribuant à la compétitivité mondiale et à la croissance économique. Les secteurs issus des innovations militaires servent de catalyseurs pour la création d'emplois, les opportunités d'investissement et le développement économique à long terme.

En fin de compte, l'impact sur l'industrie et la technologie modernes n'est pas seulement une analyse historique, mais un récit continu qui informe les choix faits et les orientations poursuivies par les individus et les organisations. Par essence, l'héritage de la technologie en temps de guerre reste une force significative qui façonne le présent et l'avenir de notre paysage technologique.

17

L'héritage de la résistance

Définir la résistance

La résistance, dans ses manifestations diverses et multiformes, a pris une variété d'interprétations et de significations à travers différents contextes historiques et sociopolitiques. Le concept de "résistance" transcende la simple opposition et englobe les actes collectifs et individuels de défi, de résilience et de subversion contre les forces oppressives, les régimes autoritaires et les puissances occupantes. Elle incarne l'esprit de défi et couvre un spectre allant des actes manifestes de révolte aux formes subtiles de non-coopération et de désobéissance civile. Les exemples historiques de mouvements de résistance ont joué un rôle déterminant dans l'issue des conflits et des guerres, imprégnant les annales de l'histoire humaine de récits de bravoure, de sacrifice et de détermination. Qu'elle soit intégrée dans les opérations clandestines des territoires occupés en temps de guerre ou qu'elle serve d'outil de changement social et de justice en temps de paix, la notion de résistance imprègne le tissu des sociétés et témoigne de l'indomptabilité de l'esprit humain.

Pour comprendre pleinement la résistance, il est essentiel d'examiner sa nature contextuelle, en reconnaissant que son caractère peut varier en fonction des circonstances dans lesquelles elle émerge. En nous plongeant dans les sommets historiques des mouvements de résistance, nous pouvons disséquer les motivations sous-jacentes, les défis rencontrés et le rôle intégral que ces mouvements ont joué dans l'évolution des événements locaux et mondiaux.

La compréhension des nuances spécifiques au contexte et de l'interaction dynamique entre la résistance et l'autorité nous permet d'apprécier la tapisserie complexe de l'action humaine et de l'autonomisation dans l'adversité. En explorant de manière approfondie les multiples facettes de la résistance, nous cherchons à mettre en lumière le lien intrinsèque entre les mouvements de résistance et les paysages sociopolitiques plus vastes, offrant un aperçu profond de la profondeur et de la pertinence durable de ce phénomène tout au long de l'histoire.

Aperçu historique des mouvements de résistance

Les mouvements de résistance ont joué un rôle important tout au long de l'histoire, émergeant sous diverses formes pour s'opposer à des régimes oppressifs et à des occupations. Les racines de la résistance organisée remontent à l'Antiquité, avec des exemples tels que la révolte juive contre la domination romaine et les nombreux soulèvements contre les conquêtes impériales. Toutefois, c'est au cours du XXe siècle, et plus particulièrement pendant la Seconde Guerre mondiale, que les mouvements de résistance ont bénéficié d'une attention et d'une reconnaissance accrues en raison de leur influence déterminante sur l'issue des conflits. En Europe, les territoires occupés ont vu naître divers groupes de résistance, chacun ayant ses propres motivations, méthodes et défis. Ces mouvements ont incarné l'esprit inflexible d'individus et de communautés déterminés à défier la tyrannie et à lutter pour la liberté.

La toile de fond historique des mouvements de résistance est marquée par l'héroïsme, le sacrifice et l'engagement inébranlable à résister à l'oppression, souvent au péril de sa vie. Qu'il s'agisse d'opérations clandestines, d'actes de sabotage, de publications clandestines ou de collecte de renseignements, les multiples facettes des activités de résistance reflètent l'ingéniosité et la résilience des personnes impliquées. Pour comprendre ces mouvements, il est essentiel de tenir compte de l'interaction complexe entre les dynamiques locales, la solidarité sociétale et le soutien international, ainsi que des relations complexes avec les forces d'occupation et les entités collaboratrices. Il est essentiel de reconnaître la diversité des efforts de résistance, qui englobent les rébellions armées, les protestations non violentes, les réseaux clandestins et les expressions culturelles de la dissidence.

L'évolution historique des mouvements de résistance souligne leur capacité d'adaptation face à l'évolution des défis et des opportunités. Alors que certains mouvements opéraient dans des centres urbains, d'autres ont prospéré dans des paysages ruraux, utilisant différentes tactiques dans leur lutte contre l'occupation et le régime totalitaire. Chaque mouvement avait des fondements et des motivations idéologiques distincts, allant des aspirations nationalistes à l'opposition idéologique aux envahisseurs. L'étude des mouvements de résistance historiques offre un aperçu précieux de l'action humaine, de la résilience et de la quête de justice face à l'adversité. Par ailleurs, elle permet de mieux comprendre les complexités de la guerre asymétrique, les stratégies non conventionnelles et l'impact durable de l'activisme populaire sur les événements mondiaux. La reconnaissance de l'héritage historique des mouvements de résistance témoigne de la pérennité de l'esprit humain et incite les générations futures à affronter l'oppression et à défendre leurs droits fondamentaux.

Chiffres clés et leaders

Tout au long de l'histoire, le succès d'un mouvement de résistance a été profondément influencé par le calibre et le charisme de ses figures clés et de ses dirigeants. Ces personnes incarnent souvent une détermination inébranlable, une force morale et une perspicacité stratégique qui incitent les autres à se rallier à elles face à l'adversité. En examinant les rôles essentiels joués par ces personnalités influentes, nous comprenons mieux comment elles ont façonné le cours des mouvements de résistance en temps de guerre et d'occupation. Les personnages clés et les dirigeants des mouvements de résistance se caractérisent par une grande diversité de parcours, allant d'intellectuels et de politiciens à de simples citoyens animés d'un patriotisme fervent ou d'un engagement inflexible en faveur de la justice. Parmi les figures les plus célèbres, on trouve celles qui sont devenues des icônes symboliques puissantes, comme Jean Moulin en France et Tadeusz Kościuszko en Pologne, dont la détermination inébranlable a incité leurs compatriotes à s'unir contre les forces d'oppression.

Ceci dit, il est essentiel de reconnaître l'impact essentiel d'individus tels que Dietrich Bonhoeffer et Sophie Scholl, qui ont défié les autorités avec courage moral et perspicacité intellectuelle, inspirant une opposition active au-delà des frontières de la nationalité et de l'idéologie. Ces leaders ont non seulement dirigé les opérations pratiques des réseaux de résistance, mais ils ont également servi de boussole morale à l'ensemble de la population, lui transmettant un sentiment d'utilité et de conviction au milieu du chaos et du désespoir de l'oppression en temps de guerre. Les styles et approches de leadership à multiples facettes adoptés par ces personnalités ont démontré leur adaptabilité et leur résilience. Alors que certains excellaient dans les opérations clandestines et les communications secrètes, d'autres ont tiré parti de leur influence pour mobiliser le soutien international et les ressources indispensables au maintien de l'effort de résistance. Indépendamment de leurs méthodes spécifiques, ces dirigeants ont partagé un engagement commun à défendre les valeurs fondamentales de l'humanité et de la justice, déterminés à contrer les empiètements du totalitarisme et de l'asservissement.

Les sacrifices personnels consentis par ces dirigeants sont emblématiques des sacrifices plus larges endurés par tous les membres du mouvement de résistance. En endurant l'emprisonnement, la torture et même la mort, ces figures emblématiques ont créé un précédent extraordinaire de dévouement désintéressé, illustrant le principe selon lequel la lutte pour la liberté vaut la peine d'être menée à n'importe quel prix. Leur dévouement inébranlable à la cause continue d'inspirer les générations futures, soulignant l'impact durable de leur héritage sur les récits mondiaux de résilience et de libération.

En somme, la marque indélébile laissée par ces personnages clés et ces chefs de file des mouvements de résistance témoigne du pouvoir de transformation de l'action individuelle au cours d'époques historiques tumultueuses. Leur détermination inébranlable, leur clairvoyance stratégique et leur force morale ont légué un héritage durable qui résonne bien au-delà des limites de leurs luttes temporelles, servant de source d'inspiration et d'orientation permanente pour ceux qui défendent la cause de la liberté et de la justice.

Stratégies et tactiques de résistance

L'efficacité des efforts de résistance repose sur une série de stratégies et de tactiques sophistiquées, méticuleusement élaborées pour saper les forces d'occupation et maintenir le moral de la population opprimée. L'une des tactiques fondamentales utilisées par les mouvements de résistance est la communication clandestine, dans laquelle des réseaux de courriers, de codes secrets et de transmissions secrètes permettent la diffusion rapide d'informations essentielles tout en minimisant le risque de détection. Ces canaux de communication fonctionnent au sein d'un réseau de confiance complexe, établi par des moyens discrets et un contrôle approfondi des antécédents. Un autre aspect essentiel de la stratégie de résistance est le sabotage et la perturbation des opérations ennemies. Cela peut se manifester sous diverses formes, qu'il s'agisse d'endommager les infrastructures et les lignes d'approvisionnement, d'infiltrer les installations ennemies ou de se livrer à des actes de subversion économique. En réduisant systématiquement la capacité de l'occupant à garder le contrôle, les mouvements de résistance visent à éroder son pouvoir et à créer un environnement propice à la libération.

La guerre psychologique joue un rôle crucial dans les tactiques de résistance. Les messages subtils, la propagande et les manifestations publiques servent à renforcer l'esprit de résistance au sein de la population, tout en semant le doute et la discorde dans les rangs des forces d'occupation. Les opérations psychologiques sont conçues pour encourager la solidarité et la détermination, en retournant l'opinion publique contre les oppresseurs et en recueillant le soutien de la cause de la résistance. Outre ces mesures proactives, les tactiques défensives sont tout aussi essentielles à la survie des mouvements de résistance. La guérilla, les techniques d'évasion et la création de refuges font tous partie d'une stratégie défensive à multiples facettes visant à préserver la force et la longévité de l'effort de résistance. En s'adaptant à l'évolution des tactiques de l'occupant et en faisant preuve de résilience face à l'adversité, la résistance préserve sa capacité à poursuivre le combat jusqu'à ce qu'elle atteigne ses objectifs. L'adoption de ces stratégies et tactiques est emblématique de l'ingéniosité et de la capacité d'adaptation des mouvements de résistance tout au long de l'histoire. Leur efficacité ne réside pas seulement dans leur impact immédiat, mais également dans l'inspiration durable qu'elles apportent aux générations futures engagées dans des luttes similaires pour la liberté et la justice.

Contributions technologiques aux efforts de subversion

Le rôle de la technologie dans les efforts de subversion en période d'occupation et de résistance ne peut être sous-estimé. Tout au long de l'histoire, diverses technologies innovantes ont été utilisées pour aider les mouvements de résistance dans leur lutte contre les régimes oppressifs. Qu'il s'agisse de dispositifs de communication clandestins, d'armes secrètes ou d'outils de sabotage, la technologie a joué un rôle essentiel en permettant aux groupes de résistance de défier efficacement les forces d'occupation. L'une des principales contributions technologiques aux efforts de subversion a été la mise au point et l'utilisation de dispositifs de communication clandestins. Ces dispositifs ont permis aux groupes de résistance de maintenir des canaux sécurisés et discrets pour coordonner les opérations, partager des renseignements et organiser des activités de résistance, tout en échappant à la détection de l'ennemi.

Les progrès des technologies cryptographiques ont permis aux combattants de la résistance de coder leurs messages en toute sécurité, empêchant ainsi les forces d'occupation de les intercepter et de les déchiffrer. Par ailleurs, le développement et le déploiement d'armes furtives et d'outils de sabotage ont considérablement renforcé les capacités des mouvements de résistance. Qu'il s'agisse de la création d'engins explosifs improvisés (EEI) ou de la modification d'armes existantes pour des opérations clandestines, les innovations technologiques ont considérablement renforcé la puissance de feu et l'efficacité des groupes de résistance. En particulier, l'utilisation d'outils de sabotage, tels que des explosifs miniaturisés et des dispositifs de neutralisation, a permis aux combattants de la résistance de perturber les infrastructures et les lignes d'approvisionnement de l'ennemi, affaiblissant ainsi l'emprise de l'occupant sur la région.

L'utilisation d'équipements spécialisés pour la collecte de renseignements, notamment des caméras dissimulées, des dispositifs d'écoute et du matériel d'espionnage, a permis d'obtenir des informations précieuses sur les mouvements et les plans de l'ennemi, amplifiant ainsi l'avantage stratégique des forces de la résistance. En outre, l'adaptation des technologies émergentes, telles que les drones et les systèmes de télésurveillance, a offert de nouveaux moyens de reconnaissance et de collecte d'informations, , augmentant encore la capacité opérationnelle des groupes de résistance. Au-delà de ces applications directes, les avancées technologiques ont également eu des impacts indirects mais significatifs. En tirant parti des technologies modernes, les combattants de la résistance ont pu insuffler un sentiment d'adaptabilité et de résilience au sein de leurs mouvements, démontrant ainsi leur capacité à évoluer face aux tactiques changeantes employées par les forces d'occupation. L'ingéniosité de ces contributions technologiques a non seulement facilité les aspects pratiques de la résistance, mais a également servi à remonter le moral des populations opprimées, inspirant espoir et détermination dans la poursuite de la libération. En approfondissant l'exploration des contributions technologiques aux efforts de subversion, il devient évident que l'application ingénieuse de la technologie a joué un rôle essentiel en donnant aux mouvements de résistance les moyens de faire face à l'adversité, de protéger leurs communautés et, en fin de compte, de contribuer à l'effondrement des régimes oppressifs.

Impact psychologique sur les populations occupées

Alors que l'ombre de la guerre enveloppait l'Europe, l'impact psychologique sur les populations occupées est devenu une préoccupation majeure. Les communautés soumises ont dû faire face à une myriade de défis qui ont mis à l'épreuve leur résistance et leur force mentale. L'expérience de la vie sous occupation a suscité une gamme complexe d'émotions, allant de la peur et du désespoir au défi et à l'espoir. Les civils occupés ont été confrontés à une anxiété et une incertitude constantes alors que leur vie quotidienne était perturbée par la présence oppressante des forces d'occupation. L'atmosphère omniprésente de peur et de surveillance a jeté une longue ombre sur la psyché collective, engendrant un sentiment de vulnérabilité et de méfiance.

L'imposition de réglementations strictes et de couvre-feux a renforcé le sentiment de confinement et d'isolement, érodant le sens de l'action et de l'autonomie des habitants. Le bilan psychologique de la vie sous occupation s'est manifesté sous diverses formes, notamment par un stress accru, des traumatismes et une fatigue émotionnelle. Cela dit, la suppression de l'expression culturelle et de la liberté de parole a amplifié les sentiments d'aliénation et d'impuissance de la population. Malgré ces difficultés, les populations occupées ont fait preuve d'une résilience et d'un courage remarquables face à l'adversité. Les communautés ont tissé des liens de solidarité et de soutien mutuel, nourrissant un esprit de résistance qui a transcendé les contraintes physiques de l'occupation. Cet esprit humain indomptable est devenu une source d'inspiration et d'autonomisation, alimentant des actes de défi et de défiance clandestins. L'impact psychologique de l'occupation n'a pas seulement façonné le psychisme des individus, il a également laissé une empreinte durable dans la mémoire collective des nations. Des décennies après la libération, l'héritage des traumatismes psychologiques de la guerre continue de se répercuter à travers les récits et les expériences de ceux qui ont subi l'occupation. Il est essentiel de comprendre les répercussions psychologiques de l'occupation pour saisir les effets durables de la guerre sur le psychisme humain et souligner la résilience et la ténacité des individus et des communautés face à l'adversité.

Collaboration et conflit : Les alliés de la résistance

En période de conflit, la dynamique entre les mouvements de résistance et les forces alliées devient de plus en plus complexe. L'interaction entre les groupes de résistance locaux et les puissances alliées a souvent engendré un équilibre délicat entre la collaboration, le soutien et, parfois, des objectifs contradictoires. Si ces alliances ont joué un rôle essentiel dans la lutte contre l'occupation, elles ont également suscité des considérations politiques et militaires complexes qui ont influencé l'issue de nombreuses opérations. Les relations entre les combattants de la résistance et les agents alliés ont été façonnées par une myriade de facteurs, notamment la confiance mutuelle, les objectifs partagés, les stratégies divergentes et le paysage géopolitique général. Chaque partie a apporté des atouts et des défis uniques, favorisant une interaction qui a eu un impact significatif sur le cours des efforts de la résistance. L'imbrication des intérêts a parfois conduit à des scénarios dans lesquels les buts de la résistance et les objectifs des puissances alliées n'étaient pas totalement alignés, ce qui a donné lieu à des conflits et à des désaccords potentiels. Les divergences au niveau des tactiques, de l'affectation des ressources et des objectifs à long terme pouvaient créer des tensions qui mettaient à l'épreuve la résilience des efforts de collaboration.

Les disparités culturelles, idéologiques et stratégiques entre les résistants locaux et leurs alliés étrangers ont parfois constitué des obstacles qui ont exigé des deux parties une navigation astucieuse. La négociation de ces complexités a exigé une compréhension nuancée des perspectives, des priorités et des contraintes de chacun, marquant ainsi un chapitre important dans les annales de l'histoire en temps de guerre. Inversement, la collaboration entre les mouvements de résistance et les agents alliés a souvent permis d'obtenir des renseignements inestimables, un soutien opérationnel et un avantage stratégique, renforçant l'élan de la résistance et contribuant à des victoires décisives. L'échange d'informations, de ressources et d'expertise tactique a constitué la base des entreprises conjointes réussies, permettant d'amplifier l'impact des efforts localisés sur l'ensemble du théâtre de guerre.

Les alliances ont favorisé un sentiment d'unité et de solidarité qui a transcendé les frontières géographiques, inspirant des actes de bravoure et de sacrifice qui ont défini la lutte collective contre la tyrannie. Au fur et à mesure que la guerre progressait et que les marées de la bataille se déplaçaient, la nature de la collaboration entre les groupes de résistance et les Alliés évoluait, présentant de nouveaux défis et de nouvelles opportunités. Qu'il s'agisse de coopération clandestine, de coordination ouverte ou de divergence subtile, la tapisserie complexe des relations entre les mouvements de résistance locaux et les puissances alliées éclaire un récit captivant de bravoure, de coopération et de poursuite incessante de la liberté. Cette interaction complexe témoigne de l'héritage durable de ceux qui ont défié l'oppression et les bouleversements, façonnant le cours de l'histoire par leur engagement inébranlable en faveur de la libération.

Les grandes opérations et leurs résultats

Au cours de la période tumultueuse de la Seconde Guerre mondiale, plusieurs opérations majeures ont été entreprises par des mouvements de résistance dans les territoires occupés, chacune avec ses propres défis et objectifs. Ces opérations ont symbolisé les efforts audacieux et la détermination inébranlable de la résistance à contrecarrer le contrôle des forces d'occupation et à bouleverser le statu quo. Les résultats de ces opérations ont non seulement laissé une marque indélébile sur le cours de la guerre, mais ont aussi profondément marqué les annales de l'histoire, façonnant les sociétés d'après-guerre et le paysage géopolitique d'une manière qui continue d'influencer notre monde aujourd'hui.

L'une de ces opérations notables a été le soulèvement de Varsovie, une initiative stratégique de la Résistance polonaise visant à libérer Varsovie de l'occupation nazie. En dépit d'une adversité écrasante et d'un manque de soutien extérieur, les insurgés se sont battus avec acharnement pendant 63 jours avant de succomber face à la supériorité des forces allemandes. Les destructions massives qui ont suivi, associées à la décimation des combattants de la résistance, ont jeté une longue ombre sur l'avenir de la Pologne, influençant profondément son identité nationale et sa trajectoire politique.

L'opération Anthropoid, mission audacieuse visant à assassiner le SS-Obergruppenführer Reinhard Heydrich, l'un des principaux architectes de l'Holocauste, est un autre projet d'envergure. Cet acte audacieux mené par des agents de la résistance tchécoslovaque a été puni par les nazis sous la forme de l'anéantissement du village de Lidice, laissant une cicatrice durable à la fois sur le mouvement de résistance et sur la population locale. Cependant, l'élimination réussie d'Heydrich par les courageux combattants de la résistance a renforcé le moral des opprimés et a déclenché une série d'événements qui se sont répercutés tout au long de la guerre.

De même, la Résistance française a mené de nombreuses opérations clandestines, y compris des sabotages, des collectes de renseignements et des confrontations directes avec les forces ennemies, qui ont abouti à la libération de Paris en août 1944. La ténacité et les sacrifices des résistants ont consolidé leur place dans l'histoire, réaffirmant la croyance dans le pouvoir d'une résistance unifiée contre les régimes oppressifs. Les suites de ces opérations monumentales ont créé une tapisserie complexe de triomphes, de peines de cœur et d'héritages durables qui continuent à façonner les perceptions contemporaines de l'héroïsme et du défi en temps de guerre. Dans l'après-guerre, les exploits extraordinaires et les pertes tragiques de ces opérations sont devenus synonymes de résilience et de sacrifices de ceux qui ont osé défier la tyrannie, suscitant des conversations et des réflexions sur les implications éthiques et morales des mouvements de résistance. Les opérations majeures et leurs résultats restent essentiels pour élucider l'héritage multiforme de la résistance, servant d'hommages éternels à l'esprit humain inébranlable face à l'adversité.

Effets à long terme sur les sociétés d'après-guerre

L'impact des mouvements de résistance sur les sociétés d'après-guerre a été profond et d'une grande portée. Au lendemain de la guerre, de nombreux pays se sont retrouvés aux prises avec les séquelles durables de l'occupation, de l'oppression et du conflit. La présence de mouvements de résistance a joué un rôle essentiel dans la trajectoire de ces sociétés qui cherchaient à se reconstruire et à se redéfinir. L'un des effets à long terme les plus significatifs a été la montée des sentiments nationalistes et la revitalisation de l'identité culturelle. Les mouvements de résistance ont souvent incarné et promu les valeurs et les traditions de leurs nations respectives, inspirant une résurgence de la fierté et de l'unité nationales. Cette résurgence a permis de reconstruire le tissu social et d'encourager un sentiment d'utilité collective parmi les citoyens des pays déchirés par la guerre.

En outre, l'héritage des mouvements de résistance s'est étendu au paysage politique, jetant les bases des réformes démocratiques et de la protection des droits de l'homme fondamentaux. Les actes courageux de défiance à l'égard des régimes autoritaires ont servi de catalyseur à la mise en place d'institutions démocratiques et à la sauvegarde des libertés civiles. Les voix de la résistance ont résonné dans l'histoire, annonçant une ère de transformation politique et de renouveau sociétal. Sur le plan économique, la période d'après-guerre a vu la reconstruction et le rajeunissement des économies ravagées par la guerre. Les mouvements de résistance ont non seulement contribué à la libération des territoires, mais ont également facilité la réhabilitation des industries et des infrastructures. Leurs efforts ont renforcé les bases de la reprise économique et ouvert la voie au développement durable, en favorisant la résilience face à l'adversité.

L'impact durable de la résistance sur les sociétés d'après-guerre a transcendé les frontières nationales, influençant le discours mondial sur les droits de l'homme et les relations internationales. L'admiration générale pour l'esprit indomptable des combattants de la résistance a résonné sur tous les continents, suscitant un engagement renouvelé en faveur du respect des principes universels de justice et de liberté. Les leçons tirées des luttes des mouvements de résistance continuent d'alimenter les débats contemporains sur l'intervention humanitaire, la diplomatie et les responsabilités de la communauté internationale.

En somme, les implications profondes des mouvements de résistance sur les sociétés d'après-guerre témoignent de la résilience et de la force d'âme des individus et des communautés dans leur quête de liberté et de justice. Leur héritage durable est un rappel poignant du pouvoir durable de l'unité, du courage et de la détermination à façonner le cours de l'histoire.

Analyse finale : Des leçons pour les temps modernes

Lorsque nous réfléchissons à l'héritage durable des mouvements de résistance pendant et après la guerre, il devient évident que ces efforts historiques offrent des leçons inestimables pour les sociétés modernes. La résistance, le courage et la détermination inébranlable dont ont fait preuve les individus et les groupes impliqués dans les efforts de résistance sont des exemples intemporels de la capacité de l'esprit humain à surmonter l'adversité. Il est impératif de reconnaître la pertinence durable de ces expériences et d'établir des parallèles significatifs avec les défis contemporains. L'une des leçons les plus frappantes pour les temps modernes est le pouvoir de l'unité et de la solidarité face à l'oppression. Les actions coordonnées de divers individus au sein des mouvements de résistance ont démontré le potentiel de l'action collective pour mettre en œuvre des changements substantiels, même dans les circonstances les plus désastreuses. Cela souligne l'importance de favoriser des communautés inclusives et collaboratives capables de faire face aux injustices systémiques et aux régimes totalitaires.

L'ingéniosité stratégique dont ont fait preuve les combattants de la résistance pour subvertir les forces oppressives offre des perspectives cruciales pour faire face aux menaces actuelles. Leur capacité à s'adapter, à innover et à employer des tactiques non conventionnelles témoigne de la nécessité de faire preuve de créativité et de flexibilité pour relever des défis géopolitiques et sociaux complexes.

La force d'âme et le sens moral dont ont fait preuve ceux qui ont risqué leur vie pour résister à la tyrannie incitent à l'introspection à une époque marquée par les dilemmes éthiques et les crises mondiales. La bravoure des individus qui ont adhéré aux principes universels de justice et de droiture met en lumière l'importance durable du maintien de l'intégrité morale face à l'adversité.

La poursuite inflexible de la vérité et de la transparence dans un climat de tromperie et de désinformation est un rappel poignant du rôle essentiel de la véracité dans la sauvegarde des valeurs démocratiques et des droits de l'homme. Ces leçons historiques nous obligent à examiner d'un œil critique la dynamique actuelle de notre société et à engager un dialogue constructif pour résoudre les dilemmes moraux et éthiques contemporains. Enfin, l'impact à long terme des efforts de résistance sur les sociétés d'après-guerre offre des indications précieuses sur la complexité de la reconstruction des communautés fracturées et de la réconciliation des griefs historiques. En étudiant les succès et les échecs de la reconstruction post-conflit, les sociétés modernes peuvent tirer des leçons essentielles pour favoriser une paix durable, la réconciliation et la guérison sociétale au lendemain des conflits contemporains. Alors que nous sommes confrontés aux défis du XXIe siècle, l'héritage durable des mouvements de résistance témoigne de l'esprit indomptable de l'humanité et fournit des lignes directrices essentielles pour relever les défis multiformes de notre époque.

18

Réflexions

Implications éthiques et avenir de l'innovation

Réflexions éthiques

Pour sonder l'interaction complexe entre la technologie et l'éthique, il est impératif d'entreprendre un voyage dans le temps, en plongeant dans les racines historiques des dilemmes éthiques découlant des avancées technologiques. L'évolution des considérations éthiques dans le domaine de la technologie dévoile un récit fascinant marqué par des moments cruciaux qui ont façonné les perceptions sociétales et les cadres moraux. De la révolution industrielle à l'ère numérique, l'innovation technologique a nécessité un discours permanent sur les implications éthiques du progrès. Cette exploration transhistorique ne met pas seulement en lumière les complexités inhérentes à la navigation dans les paysages éthiques, mais fournit également des indications précieuses sur la nature dynamique des réflexions éthiques. Comme le révèlent les annales de l'histoire, les cas de violations éthiques précipitées par les prouesses technologiques sont des rappels saillants de l'impact profond de l'ingéniosité humaine sur les dilemmes moraux. Ainsi, cette odyssée rétrospective offre un point de vue permettant de comprendre l'interconnexion des transgressions éthiques passées et des considérations éthiques contemporaines. En examinant les problèmes éthiques posés par les percées technologiques antérieures, nous discernons des thèmes récurrents qui transcendent les frontières temporelles et soulignent la pertinence durable des réflexions éthiques. En nous immergeant dans cette tapisserie historique, nous cultivons un sens aigu de la richesse contextuelle, ce qui nous permet d'évaluer de manière plus nuancée les dilemmes éthiques actuels. En conséquence, l'analyse des manquements historiques à l'éthique qui va suivre vise à susciter une compréhension globale de l'interaction complexe entre la technologie et la morale, préparant ainsi le terrain pour un examen incisif des énigmes éthiques contemporaines.

Analyse historique des manquements à l'éthique

Tout au long de l'histoire, les manquements à l'éthique ont été fréquents dans le domaine des avancées technologiques et scientifiques. Ces manquements résultent souvent de l'intersection de l'innovation, du pouvoir et de la prise de décision morale, avec des répercussions qui se répercutent à travers les générations. L'un des premiers exemples de manquement à l'éthique remonte à la technologie nucléaire au cours du XXe siècle. La mise au point et l'utilisation de bombes atomiques pendant la Seconde Guerre mondiale ont soulevé de profondes préoccupations éthiques. La dévastation et les conséquences à long terme qui en ont résulté ont suscité une introspection mondiale sur les implications éthiques de l'exploitation d'une puissance aussi immense.

L'étude controversée de Tuskegee sur la syphilis aux États-Unis constitue un exemple poignant de recherche médicale ayant dérapé sur le plan éthique. Cette étude tristement célèbre, menée pendant plusieurs décennies, a empêché des participants afro-américains de recevoir un traitement approprié afin d'observer la progression naturelle de la syphilis, sans leur consentement éclairé. Elle illustre une violation flagrante des droits de l'homme, soulignant le besoin critique de lignes directrices éthiques dans la recherche scientifique. À l'ère moderne, l'avènement de l'internet et de la numérisation rapide a également engendré des dilemmes éthiques. Des questions telles que les atteintes à la vie privée, l'exploitation des données et la cyberguerre ont mis en évidence la nécessité de considérations éthiques dans le domaine de la technologie. En particulier, le scandale Cambridge Analytica a mis à nu les zones d'ombre éthiques entourant la collecte et la manipulation de données à des fins politiques. Cette rétrospective historique constitue un rappel poignant de l'impact considérable des manquements à l'éthique sur les individus, les sociétés et la stabilité mondiale. Il est essentiel de comprendre ces transgressions passées pour façonner notre approche de l'innovation et veiller à ce que les valeurs éthiques restent au cœur des progrès de la technologie et de la science.

Technologie et responsabilité morale

Les progrès technologiques entraînent souvent de profonds changements dans la société, révolutionnant notre façon de vivre, de travailler et d'interagir. Toutefois, ces innovations transformatrices s'accompagnent d'une question cruciale, celle de la responsabilité morale. À mesure que le pouvoir et la portée de la technologie s'étendent, il devient impératif de réfléchir aux implications éthiques qui découlent de son utilisation. L'intersection de la technologie et de la responsabilité morale est un paysage complexe qui nécessite une navigation et une réflexion approfondies. Au cœur de cette discussion se trouve la question fondamentale de savoir comment le progrès technologique devrait être gouverné de manière éthique et exploité pour le bien collectif. Dans le domaine des technologies émergentes telles que l'intelligence artificielle, la biotechnologie et la confidentialité des données, les dilemmes éthiques abondent. Le développement et le déploiement des systèmes d'intelligence artificielle soulèvent des inquiétudes quant à la partialité, à la responsabilité et à l'érosion potentielle de l'autonomie humaine. De même, les progrès de la biotechnologie posent des questions éthiques concernant la manipulation génétique, la marchandisation de la vie et l'accès équitable aux innovations en matière de soins de santé.

La collecte et l'utilisation omniprésentes de données personnelles à l'ère numérique suscitent des réflexions sur la vie privée, le consentement et la gestion responsable d'informations sensibles. Ces défis soulignent l'impératif d'assumer une responsabilité morale dans l'innovation technologique.

L'influence de la technologie sur les normes sociétales ne peut être sous-estimée. Les innovations ont le pouvoir de façonner les valeurs culturelles, de redéfinir les relations interpersonnelles et de restructurer les systèmes économiques. L'avènement des plateformes de médias sociaux, par exemple, a modifié les modes de communication, remodelé le discours public et donné naissance à de nouvelles formes d'interaction sociale. Toutefois, cette transformation a également engendré des dilemmes éthiques liés au harcèlement en ligne, à la désinformation et à l'érosion des limites de la vie privée. L'industrie technologique porte donc une profonde responsabilité morale en considérant les implications sociétales plus larges de ses innovations. Alors que les progrès technologiques continuent de s'accélérer, les parties prenantes des différents secteurs doivent s'engager activement dans des dialogues centrés sur des considérations éthiques. Il s'agit de favoriser les collaborations interdisciplinaires entre les technologues, les éthiciens, les décideurs politiques et le public afin de s'assurer que la trajectoire du progrès technologique s'aligne sur les impératifs moraux.

Les organisations doivent cultiver des cultures qui donnent la priorité à la prise de décision éthique, à la transparence et à la responsabilité dans la conception et la mise en œuvre des solutions technologiques. En promouvant une éthique solide de la responsabilité morale, le potentiel de transformation de la technologie peut être réalisé tout en protégeant contre ses conséquences négatives involontaires.

Le rôle de l'innovation dans l'élaboration des normes sociétales

Dans le domaine du progrès technologique, l'innovation n'est pas seulement un catalyseur de progrès, mais aussi une force qui façonne les normes sociétales. Tout au long de l'histoire, les innovations transformatrices ont constamment remodelé la façon dont les individus et les communautés interagissent, communiquent et mènent leur vie quotidienne. Qu'il s'agisse de l'imprimerie, de la révolution industrielle ou de l'ère numérique, chaque avancée technologique significative a laissé une marque indélébile sur les valeurs, les comportements et les attentes de la société. Les innovations, en particulier celles qui sont adoptées en masse, ont le pouvoir de redéfinir les structures et les dynamiques sociales. Par exemple, l'utilisation généralisée des plateformes de médias sociaux a fondamentalement modifié la façon dont les gens se connectent, partagent des informations et se forgent une opinion. L'influence de ces plateformes sur le discours public, l'engagement politique et les mouvements culturels reflète l'impact profond de l'innovation technologique sur le façonnement des normes sociétales.

L'innovation favorise souvent l'émergence de nouvelles industries et professions, ce qui entraîne des changements dans les paysages professionnels et les compétences requises. Alors que l'automatisation et l'IA continuent de révolutionner les industries, la nature du travail et l'emploi subissent une transformation significative, redéfinissant par conséquent les perceptions sociétales des parcours professionnels, de la stabilité économique et de la mobilité sociale.

Les considérations éthiques entourant les technologies émergentes jouent un rôle central en influençant les normes sociétales. Les controverses concernant la vie privée, la sécurité des données et l'éthique de l'intelligence artificielle façonnent la perception et la sensibilisation du public, suscitant des conversations et des plaidoyers autour des cadres réglementaires et des pratiques d'innovation responsables. La manière dont ces dilemmes éthiques sont abordés et intégrés dans le développement technologique peut façonner la boussole morale des générations futures.

La technologie a la capacité d'amplifier les changements culturels et idéologiques, contribuant ainsi à la redéfinition des frontières morales et éthiques. L'interconnexion mondiale facilitée par les innovations technologiques expose les individus à diverses perspectives et visions du monde, engendrant des discussions et des débats sur la tolérance, l'inclusion et les droits de l'homme. Cette interaction entre l'innovation et les normes sociétales souligne à l'évidence la relation complexe entre le progrès technologique et son impact sur la formation des valeurs collectives.

En somme, le rôle de l'innovation dans la formation des normes sociétales englobe un processus multiforme et dynamique qui va au-delà de ses implications technologiques. Son influence profonde sur la communication, l'emploi, l'éthique et l'évolution culturelle met en évidence l'impact considérable de l'innovation sur le tissu social. À chaque étape importante du progrès technologique, il devient de plus en plus vital d'évaluer de manière critique les ramifications de l'innovation sur les normes sociétales et de respecter les principes éthiques en naviguant dans ce paysage transformateur.

Les leçons tirées de l'héritage de la résistance

L'héritage de la résistance en temps de guerre est riche d'enseignements pour la société contemporaine. Au fil de l'histoire, nous découvrons des récits passionnants d'individus et d'organisations qui ont défié des régimes autoritaires, risquant leur vie pour défendre des principes moraux et éthiques. Le courage dont ont fait preuve ces héros méconnus se répercute à travers le temps, rappelant de manière poignante le pouvoir durable de la résilience et le dévouement inébranlable aux principes de justice et d'humanité. En nous plongeant dans ces histoires, nous découvrons des informations précieuses qui trouvent un écho profond dans le domaine de l'innovation technologique et de la responsabilité éthique. Ces leçons nous permettent non seulement de comprendre les sacrifices monumentaux consentis par ceux qui ont résisté à la tyrannie, mais servent également de catalyseur pour façonner notre boussole éthique dans la sphère de la technologie moderne. En examinant attentivement les actes de défi historiques, nous établissons des parallèles avec le paysage actuel du progrès technologique. Le courage dont ont fait preuve les individus qui ont défié des systèmes oppressifs offre un contraste frappant avec les défis que posent aujourd'hui les dilemmes éthiques entourant le développement technologique.

Les principes qui sous-tendent les actes de résistance, tels que l'intégrité, l'empathie et le dévouement inébranlable au bien commun, constituent des balises pour les innovateurs et les technologues d'aujourd'hui. Leurs actes courageux nous inculquent l'engagement de respecter les normes éthiques et d'assumer la responsabilité morale dans la poursuite incessante du progrès. Il est impératif de reconnaître et d'honorer les histoires de résistance, car elles renferment une sagesse inestimable qui transcende le temps et témoigne de l'esprit indomptable de la persévérance humaine.

L'examen de l'éthique de la résistance nous permet d'apprécier profondément le rôle essentiel que joue la prise de décision éthique dans la trajectoire des progrès technologiques. Ces leçons inestimables nous obligent à réévaluer en permanence nos cadres éthiques et à cultiver une culture de la responsabilité, de la transparence et de la rigueur éthique. Par conséquent, l'héritage de la résistance est un lien entre le passé et le présent, qui nous incite à intégrer les vertus de l'intégrité, de la résilience et de la force morale dans le tissu de l'innovation technologique , en veillant à ce que l'héritage de la responsabilité éthique perdure pour les générations à venir.

Les défis contemporains de l'éthique technologique

Alors que les avancées technologiques continuent de remodeler notre monde, les implications éthiques de ces innovations deviennent de plus en plus complexes et multiformes. De l'intelligence artificielle à la confidentialité des données en passant par le génie génétique et la cybersécurité, la société contemporaine est confrontée à une myriade de défis pour naviguer dans le paysage changeant de l'éthique des technologies. L'un des principaux défis contemporains est l'utilisation éthique de l'IA, qui soulève des inquiétudes quant aux préjugés, à la discrimination et à la perte potentielle de contrôle humain sur les processus de prise de décision.

La collecte, le stockage et l'utilisation de grandes quantités de données personnelles ont suscité des discussions sur les atteintes à la vie privée et aux libertés individuelles. En outre, le domaine en plein essor du génie génétique présente des dilemmes éthiques liés à la manipulation des génomes humains et au risque de conséquences involontaires. La cybersécurité apparaît également comme une préoccupation essentielle, compte tenu de la prévalence croissante des cybermenaces et de leur impact potentiel sur les individus, les organisations et même les nations. Face à ces défis, il est primordial de veiller à la conformité mondiale et aux cadres réglementaires qui régissent l'utilisation responsable de la technologie. La nature sans cesse croissante de la technologie nécessite une approche cohérente des directives éthiques et des réglementations internationales, en harmonisant les différentes perspectives et normes afin de garantir le respect universel des pratiques éthiques.

La promotion d'une culture éthique au sein du développement technologique exige un effort concerté pour inculquer des valeurs d'intégrité, de transparence et de responsabilité dans l'ensemble de l'industrie. Relever les défis contemporains de l'éthique technologique implique également d'anticiper les innovations technologiques futures et leurs implications éthiques potentielles. Cette approche proactive nécessite un discours et une collaboration continus entre les parties prenantes, les décideurs politiques et les experts techniques afin d'anticiper et de traiter les obstacles éthiques potentiels avant qu'ils ne se manifestent. En fin de compte, pour relever les défis contemporains de l'éthique des technologies, il faut adopter une approche holistique et prospective qui transcende les frontières nationales et les secteurs industriels, en plaçant les considérations éthiques au premier plan du progrès technologique.

Cadres réglementaires et conformité mondiale

Dans notre monde interconnecté, les implications éthiques de l'innovation technologique dépassent les frontières nationales. Les cadres réglementaires jouent un rôle crucial dans le développement et le déploiement responsables des technologies avancées. Alors que les progrès de la science et de l'ingénierie continuent de s'accélérer, il devient impératif que les nations collaborent à l'établissement de normes de conformité mondiales qui donnent la priorité aux considérations éthiques. La prolifération des technologies de pointe, telles que l'intelligence artificielle, la biotechnologie et les systèmes autonomes, nécessite un consensus international sur les principes réglementaires afin de se prémunir contre les abus et les préjudices potentiels.

L'un des principaux défis de la formulation de cadres réglementaires mondiaux est de parvenir à un équilibre délicat entre la promotion de l'innovation et le respect de l'éthique. Pour atteindre cet équilibre, il faut que les décideurs politiques, les chefs d'entreprise, les éthiciens et les organisations internationales collaborent à l'élaboration de lignes directrices globales qui favorisent le progrès technologique tout en respectant les principes moraux universels. Par ailleurs, il est essentiel de tenir compte des disparités entre les nations en matière de capacités et de ressources technologiques afin de prévenir les violations disproportionnées de l'éthique et de promouvoir l'équité dans l'accès et l'utilisation des innovations de pointe. La mise en place de mécanismes de conformité solides à l'échelle mondiale nécessite une approche à multiples facettes. Celle-ci englobe l'harmonisation des cadres juridiques, la normalisation des protocoles éthiques et la création d'organismes de surveillance ayant le pouvoir de contrôler et de faire respecter les directives éthiques.

La promotion de la transparence et de la responsabilité au sein du secteur technologique est essentielle pour cultiver une culture de conduite éthique et d'innovation responsable à l'échelle mondiale. À cette fin, les accords intergouvernementaux, les initiatives multinationales et les collaborations bilatérales jouent un rôle essentiel dans l'élaboration d'un paysage réglementaire cohérent qui transcende les frontières géopolitiques. L'adhésion à des normes de conformité mondiales renforce non seulement les garanties éthiques, mais engendre également la confiance dans les technologies émergentes. Elle inspire la confiance des parties prenantes, notamment les gouvernements, les entreprises et le public, en démontrant un engagement à respecter des normes éthiques dans le développement et le déploiement des technologies. Cela facilite à son tour l'intégration de solutions innovantes dans divers domaines de la société, des soins de santé à la gouvernance, en passant par la conservation de l'environnement et la progression économique. Cependant, pour naviguer dans les méandres de la conformité mondiale, il faut constamment réfléchir, affiner et adapter les règles afin de suivre la nature dynamique de l'évolution technologique. Une réévaluation périodique des cadres réglementaires et de leur alignement sur les impératifs éthiques est indispensable pour faire face efficacement aux nouveaux défis éthiques. De plus, la promotion d'une culture de la sensibilisation, de l'éducation et de la responsabilité éthique, tant au niveau individuel qu'au niveau de l'organisation, est fondamentale pour garantir une adhésion durable aux normes de conformité mondiales.

À l'aube d'avancées technologiques sans précédent, la formulation et la mise en œuvre de cadres de conformité mondiaux solides constituent la pierre angulaire de la construction d'un avenir où l'innovation prospère en accord avec les valeurs éthiques. En encourageant la coopération internationale, le partage des connaissances et la responsabilité mutuelle, les nations peuvent collectivement orienter la trajectoire du progrès technologique vers un avenir défini par l'innovation fondée sur des principes et le bien-être mondial.

Favoriser une culture éthique dans le développement technologique

Dans le domaine du développement technologique, la promotion d'une culture éthique est essentielle pour garantir que l'innovation s'aligne sur les valeurs sociétales et les principes moraux. Cela implique l'établissement de lignes directrices éthiques complètes et un engagement à respecter l'intégrité à chaque étape du développement technologique. Pour cultiver une telle culture, les organisations doivent donner la priorité aux considérations éthiques dans les processus de prise de décision, de la conception à la mise en œuvre. Un aspect crucial consiste à promouvoir la transparence et la responsabilité, où les parties prenantes sont tenues responsables des implications éthiques de leurs contributions aux innovations technologiques.

Il est essentiel de créer un environnement qui encourage un discours ouvert sur les dilemmes et les implications éthiques, car cela permet à diverses perspectives de façonner la trajectoire éthique du développement technologique. La promotion d'une culture éthique nécessite également des initiatives d'éducation et de formation continues afin de doter les professionnels des connaissances et des compétences nécessaires pour relever les défis éthiques complexes inhérents au progrès technologique.

L'intégration d'évaluations éthiques au cœur des processus de développement renforce non seulement la boussole morale des projets, mais favorise également un sens collectif de la responsabilité au sein des équipes. L'adoption de la diversité et de l'inclusivité dans le paysage technologique est fondamentale pour façonner une culture éthique, car des perspectives variées aident à découvrir d'éventuels angles morts éthiques et à améliorer le cadre général de la prise de décision éthique. En plus, l'établissement de partenariats et de collaborations avec des éthiciens, des universitaires et des organismes de réglementation peut offrir des perspectives et des conseils précieux pour naviguer à l'intersection complexe de la technologie et de la moralité. En fin de compte, la promotion d'une culture éthique dans le développement technologique constitue une protection proactive contre la perpétuation involontaire de conséquences néfastes et garantit que l'innovation reste alignée sur le plus grand bien de la société.

Prévoir l'avenir : Technologie et moralité

Les progrès rapides de la technologie n'ont cessé de soulever des dilemmes éthiques complexes qui nécessitent une réflexion approfondie. Alors que nous entrons dans une ère marquée par l'intelligence artificielle, l'informatique quantique et les percées biotechnologiques, l'intersection de la technologie et de la moralité devient de plus en plus complexe. La capacité de l'innovation à renforcer et à compromettre les valeurs humaines et les normes sociétales a suscité un examen critique du paysage futur. Prédire la trajectoire de l'impact de la technologie sur l'éthique nécessite une approche à multiples facettes qui tienne compte de diverses considérations. L'un des principaux domaines de préoccupation concerne les ramifications potentielles d'une profonde perturbation technologique sur les cadres moraux établis. À mesure que nous nous enfonçons dans des domaines tels que le génie génétique, la réalité augmentée et les systèmes autonomes, il devient impératif d'anticiper la manière dont ces avancées vont croiser les principes éthiques fondamentaux. La nécessité d'évaluer les implications potentielles sur l'autonomie individuelle, la vie privée et l'équité exige une vigilance constante et des lignes directrices éthiques solides.

L'évolution du tissu des relations et des interactions sociales dans un monde de plus en plus numérique constitue un domaine crucial pour la prospective éthique. La prévalence des environnements virtuels, de la communication en ligne et de la prise de décision fondée sur des données nécessite une évaluation minutieuse des dimensions éthiques inhérentes à ces contextes. Les questions des droits numériques, des biais algorithmiques et de l'érosion de la vie privée soulignent l'impératif de façonner de manière proactive les fondements éthiques de notre société dépendante de la technologie. Pour anticiper les problèmes éthiques susceptibles de se poser, il faut également explorer les implications de la technologie sur le travail, les disparités économiques et la coopération mondiale. Alors que l'automatisation et l'intelligence artificielle continuent de transformer les industries et les marchés du travail, les considérations éthiques relatives au chômage, à la requalification et à la distribution équitable des avantages technologiques sont au premier plan.

Les dimensions éthiques de la gouvernance transfrontalière des données, de la diplomatie technologique et des impératifs de sécurité exigent une attention soutenue dans la recherche d'un écosystème technologique harmonisé et éthique. Malgré les complexités et les incertitudes qui entourent le lien entre technologie et moralité, plusieurs principes directeurs peuvent nous aider à anticiper les défis à venir. Donner la priorité à la transparence, à la responsabilité et à l'inclusion dans le développement technologique est essentiel pour favoriser un fondement éthique. Promouvoir le dialogue interdisciplinaire, cultiver la culture technologique et faire participer diverses voix aux délibérations éthiques sont des stratégies essentielles pour naviguer sur le terrain évolutif de la technologie et de la moralité. En nous engageant dans un discours proactif et une prospective stratégique, nous pouvons nous efforcer de façonner un avenir où le progrès technologique s'aligne harmonieusement sur des impératifs moraux durables.

Conclusion : Aller de l'avant avec une intégrité éthique

Au terme de notre exploration des implications éthiques et de l'avenir de l'innovation, il devient évident qu'un véritable engagement en faveur de l'intégrité éthique est essentiel pour guider les progrès technologiques. La progression rapide de la technologie exige une approche proactive pour relever les défis éthiques et garantir une innovation responsable. À l'avenir, il est impératif que les individus, les entreprises et les gouvernements accordent la priorité aux considérations éthiques dans toutes les facettes du développement technologique. Le maintien de l'intégrité éthique exige une compréhension globale des conséquences potentielles de chaque innovation sur le paysage sociétal au sens large. Adopter l'intégrité éthique implique également de tirer les leçons des précédents historiques, où les manquements à l'éthique ont conduit à des résultats dévastateurs. En reconnaissant les erreurs du passé et en mettant en œuvre des normes éthiques strictes, nous pouvons ouvrir la voie à un avenir où le progrès technologique s'aligne harmonieusement sur les responsabilités morales. Ce voyage vers l'intégrité éthique commence par la promotion d'une culture de l'innovation consciencieuse, où les considérations éthiques sont intégrées à chaque étape du développement technologique. De la conceptualisation initiale à la mise en œuvre et au-delà, les évaluations éthiques doivent être continuellement entreprises en tant qu'élément fondamental du processus d'innovation.

On ne saurait trop insister sur le rôle des cadres réglementaires dans le maintien de l'intégrité éthique. Les gouvernements et les organismes internationaux doivent collaborer pour établir et appliquer des réglementations qui régissent l'utilisation éthique des technologies. Ces cadres constituent une structure vitale pour promouvoir l'innovation responsable et garantir le respect des limites éthiques dans les paysages technologiques mondiaux. En outre, il est primordial de favoriser la transparence et la responsabilité au sein du secteur technologique. Une communication honnête et ouverte sur les implications éthiques des innovations favorise la confiance entre les parties prenantes et la communauté au sens large. L'avenir de l'innovation repose sur le principe de l'alignement de la technologie sur les principes éthiques. Prévoir les implications éthiques des technologies émergentes et des avancées futuristes est essentiel pour relever de manière proactive les défis potentiels. Il est essentiel de s'engager dans un discours réfléchi sur l'impact sociétal de l'innovation, en mettant l'accent sur les considérations éthiques qui guident la trajectoire de l'évolution technologique. Ce faisant, nous pouvons collectivement orienter le cours de l'innovation vers un avenir caractérisé par l'intégrité éthique et la responsabilité morale.

Par essence, aller de l'avant avec une intégrité éthique exige un dévouement inébranlable pour donner la priorité au bien-être de l'humanité avant toute autre chose. Cela nécessite un changement de paradigme où les considérations éthiques s'intègrent de manière transparente dans le tissu du progrès technologique. Avec l'intégrité éthique comme boussole, nous nous engageons dans un avenir où l'innovation sera en accord avec nos valeurs collectives et guidée par un sens profond de la responsabilité éthique.

Références pour aller plus loin

- BARBIER, M. K., & SHOWALTER, D. (2017). Operation Paperclip—Antecedents and Dubious Draftees. In Spies, Lies, and Citizenship: The Hunt for Nazi Criminals (pp. 211–232). University of Nebraska Press. https://doi.org/10.2307/j.ctt1tqx72k.16

- BARNWELL, M. (2021). MODERNIZATION 1919–1967: Destruction, Reconstruction, New World Order. In Design and Culture: A Transdisciplinary History (pp. 111–162). Purdue University Press. https://doi.org/10.2307/j.ctv15pjxxx.6

- Baker, M. E., & Hughes, K. (1991). Fifty Years of Excellence: The Redstone Arsenal Complex Since 1941. Army History, 20, 25–30. http://www.jstor.org/stable/26302854

-Bennett, C. (2024). Roswell Revealed: The Untold Story Of America's Most Famous UFO Incident. Global East-West (London).

- Beyerchen, A. (1982). German Scientists and Research Institutions in Allied Occupation Policy. History of Education Quarterly, 22(3), 289–299. https://doi.org/10.2307/367770

- Beyerchen, A. (1992). German Imports [Review of Secret Agenda. The United States Government, Nazi Scientists, and Project Paperclip, 1945 to 1990., by L. Hunt]. Science, 255(5043), 481–482. http://www.jstor.org/stable/2876027

- BIBES, G. (1968). LE FASCISME ITALIEN: ÉTAT DES TRAVAUX DEPUIS 1945. Revue Française de Science Politique, 18(6), 1191–1244. http://www.jstor.org/stable/43115245

- Brustein, W. (1991). The “Red Menace” and the Rise of Italian Fascism. American Sociological Review, 56(5), 652–664. https://doi.org/100.2307/2096086

- Capitan, C. (1963). FASCISME ET FASCISMES. Cahiers Internationaux de Sociologie, 35, 165–175. http://www.jstor.org/stable/40689246

- DOERRIES, R. R. (2006). Recently Declassified American Records of the Third Reich and Its Aftermath [Review of U.S. Intelligence and the Nazis, by R. Breitman, N. J. W. Goda, T. Naftali, & R. Wolfe]. Diplomatic History, 30(2), 301–305. http://www.jstor.org/stable/24915097

- Farquharson, J. (1997). Governed or Exploited? The British Acquisition of German Technology, 1945-48. Journal of Contemporary History, 32(1), 23–42. http://www.jstor.org/stable/261074

- Front Matter. (2015). Air Power History, 62(1). https:

//www.jstor.org/stable/26276559

- Fujitani, T. (2007). Right to Kill, Right to Make Live: Koreans as Japanese and Japanese as Americans During WWII. Representations, 99(1), 13–39. https://doi.org/10.1525/rep.2007.99.1.13

- GIMBEL, J. (1986). U.S. Policy and German Scientists: The Early Cold War. Political Science Quarterly, 101(3), 433–451. https://doi.org/10.2307/2151624

- GIMBEL, J. (1990). German Scientists, United States Denazification Policy, and the "Paperclip Conspiracy." The International History Review, 12(3), 441–465. http://www.jstor.org/stable/40106226

- GIMBEL, J. (1990). Project Paperclip: German Scientists, American Policy, and the Cold War. Diplomatic History, 14(3), 343–365. http://www.jstor.org/stable/24911848

- GIMBEL, J. (1990). The American Exploitation of German Technical Know-How after World War II. Political Science Quarterly, 105(2), 295–309. https://doi.org/10.2307/2151027

- Gilbert, M. (2002). The Rise of Fascism in Europe in the twentieth century: lessons for today. India International Centre Quarterly, 29(2), 31–38. http://www.jstor.org/stable/23005773

- Grunden, W. E., Kawamura, Y., Kolchinsky, E., Maier, H., & Yamazaki, M. (2005). Laying the Foundation for Wartime Research: A Comparative Overview of Science

Mobilization in National Socialist Germany, Japan, and the Soviet Union. Osiris, 20, 79–106. http://www.jstor.org/stable/3655252

- Hassner, P. (1991). L'Europe et le spectre des nationalismes. Esprit (1940-), 175 (10), 5–22. http://www.jstor.org/stable/24274754

- Heggie, V. (2014). Why Isn't Exploration a Science? Isis, 105(2), 318–334. https://doi.org/10.1086/676569

- HIGGINS, A. S. (2023). The Ghost of Sputnik. In Higher Education for All: Racial Inequality, Cold War Liberalism, and the California Master Plan (pp. 9–36). University of North Carolina Press. http://www.jstor.org/stable/10.5149/9781469672939_higgins.5

- Huddleston, R., Jacobsen, A., & Lichtblau, E. (2015). [Review of Operation Paperclip: The Secret Intelligence Program that Brought Nazi Scientists to America; The Nazis Next Door: How America Became a Safe Haven for Hitler's Men]. Air Power History, 62(1), 52–53. https://www.jstor.org/stable/26276571

- Jones, E. (2006). "LMF": The Use of Psychiatric Stigma in the Royal Air Force during the Second World War. The Journal of Military History, 70(2), 439–458. http://www.jstor.org/stable/4137960

- KASPAREK, C. (2002). ENIGMA AND POLAND REVISITED. The Polish Review, 47(1), 97–103. http://www.jstor.org/stable/25779307

- Kogan, N. (1969). The Origins of Italian Fascism. Polity, 2(1), 100–105. https://doi.org/10.2307/3234092

- KURLANDER, E. (2017). NAZI TWILIGHT: Miracle Weapons, Supernatural Partisans, and the Collapse of the Third Reich. In Hitler's Monsters (pp. 263–296). Yale University Press. http://www.jstor.org/stable/j.ctt1q31shs.14

- Kuzmarov, J. (2020). "There's Something Rotten in Denmark": Frank Olson and the Macabre Fate of a CIA Whistleblower in the Early Cold War. Class, Race and Corporate Power, 8(1). https://www.jstor.org/stable/48645495

- LANEY, M. (2019). Setting the Stage to Bring in the "Highly Skilled": Project Paperclip and the Recruitment of German Specialists after World War II. In M. MARINARI, M. Y. HSU, & M. C. GARCÍA (Eds.), A Nation of Immigrants Reconsidered: US Society in an Age of Restriction, 1924-1965 (pp. 144–160). University of Illinois Press. https://doi.org/10.5406/j.ctv9b2wjb.13

- Lambeth, B. S. (2003). THE AIR FORCE'S STRUGGLE FOR SPACE. In Mastering the Ultimate High Ground: Next Steps in the Military Uses of Space (pp. 9–36). RAND Corporation. http://www.jstor.org/stable/10.7249/mr1649af.8

- Lindsay, J. R. (2025). Espionage: Bletchley Park and the Mechanization of Intelligence. In Age of Deception: Cybersecurity as Secret Statecraft (pp. 97–124). Cornell University Press. http://www.jstor.org/stable/10.7591/jj.24033720.8

- Lohaus, P. (2014). US Conventional and Special Operations Forces since World War II. In A Precarious Balance: Preserving the Right Mix of Conventional and Special Operations Forces (pp. 3–30). American Enterprise Institute. http://www.jstor.org/stable/resrep03192.5

- Loewenstein, K. (1937). Dictatorship and the German Constitution: 1933-1937. The University of Chicago Law Review, 4(4), 537–574. https://doi.org/10.2307/1596654

- Lundquist, Charles A. (2014). Transplanted Rocket Pioneers. [Documents]. The University of Alabama in Huntsville. https://jstor.org/stable/community.34308176

- O'Reagan, D. M. (2015). French Scientific Exploitation and Technology Transfer from Germany in the Diplomatic Context of the Early Cold War. The International History Review, 37(2), 366–385. http://www.jstor.org/stable/24703240

- Paxton, R. O. (1995). Les fascismes essai d'histoire comparée. Vingtième Siècle. Revue d'histoire, 45, 3–13. https://doi.org/10.2307/3771012

- PIANTADOSI, C. A. (2012). THE EXPLORERS. In Mankind Beyond Earth: The History, Science, and Future of Human Space Exploration (pp. 45–67). Columbia University Press. http://www.jstor.org/stable/10.7312/pian16242.7

- Price, D. H. (2011). HOW THE CIA AND PENTAGON HARNESSED ANTHROPOLOGICAL RESEARCH DURING THE SECOND WORLD WAR AND COLD WAR WITH LITTLE CRITICAL NOTICE. Journal of Anthropological Research, 67(3), 333–356. http://www.jstor.org/stable/41303322

- Sand, S. (1983). L'IDÉOLOGIE FASCISTE EN FRANCE. Esprit (1940-), 80/81 (8/9), 149–160. http://www.jstor.org/stable/24270217

- Seed, D. (2009). [Review of Doomsday Men: The Real Dr. Strangelove and the Dream of the Superweapon, by P. D. Smith]. The Modern Language Review, 104(1), 195–196. http://www.jstor.org/stable/20468174

- Sheehan, W., & Bell, J. (2021). Marsniks and Flyby Mariners: The 1960s. In Discovering Mars: A History of Observation and Exploration of the Red Planet (pp. 231–259). University of Arizona Press. https://doi.org/10.2307/j.ctv1zqdv0b.15

- Sherman, W. H. (2021). ENCRYPTING/DECRYPTING. In A. Blair, P. Duguid, A.-S. Goeing, & A. Grafton (Eds.), Information: A Historical Companion (pp. 417–423). Princeton University Press. https://doi.org/10.2307/j.ctv1pdrrbs.46

- Siddiqi, A. A. (2004). Russians in Germany: Founding the Post-War Missile Programme. Europe-Asia Studies, 56(8), 1131–1156. http://www.jstor.org/stable/4147400

- Siddiqi, A. A. (2009). Germans in Russia: Cold War, Technology Transfer, and National Identity. Osiris, 24(1), 120–143. https://doi.org/10.1086/605972

- Smith, M. G. (2023). SATELLITE VISIONS: The Dilemmas of Space Exploration. In The Rocket Lab:

Maurice Zucrow, Purdue University, and America's Race to Space (pp. 154–178). Purdue University Press. https://doi.org/10.2307/j.ctv2x1nrw5.11

- STAHNISCH, F. W. (2020). The Machtergreifung of the National Socialists and Its Effects on the German-Speaking Neurosciences: Marginalization – Oppression – Forced Migration. In A New Field in Mind: A History of Interdisciplinarity in the Early Brain Sciences (Vol. 52, pp. 201–236). McGill-Queen's University Press. https://doi.org/10.2307/j.ctv10kmfd5.12

- Ţurcanu, F. (2007). Une guerre oubliée: la Première Guerre mondiale. Cités, 29, 157–160. http://www.jstor.org/stable/40621392

- Weisbrod, B. (2003). The Moratorium of the Mandarins and the Self-Denazification of German Academe: A View from Göttingen. Contemporary European History, 12(1), 47–69. http://www.jstor.org/stable/20081140

- Werth, K. (2004). A Surrogate for War—The U.S. Space Program in the 1960s. Amerikastudien / American Studies, 49(4), 563–587. http://www.jstor.org/stable/41158096

- Wey, A. L. K. (2017). Special Operations by Air Power: Strategic lessons from World War II. Air Power History, 64(1), 33–40. https://www.jstor.org/stable/26276840